非标准建筑笔记

Non-Standard Architecture Note

非标准集中

当代建筑“效率空间”理念与方法

Unconventional Efficiency Space

丛书主编 赵劲松

羊 诚 编 著

中国水利水电出版社

www.waterpub.com.cn

·北京·

序
PREFACE

关于《非标准建筑笔记》

这是我们工作室《非标准建筑笔记》系列丛书的第三辑，一共八本。如果说编辑这八本书遵循了什么共同原则的话，我觉得那可能就是“超越边界”。

有人说:“世界上最早意识到水的一定不是鱼。”我们很多时候也会因为对一些先入为主的观念习以为常而意识不到事物边界的存在。但边界却无时无刻不在潜移默化地影响着我们的行为和判断。

费孝通先生曾用“文化自觉”一词讨论“自觉”对于文化发展的重要意义。我觉得“自觉”这个词对于设计来讲也同样重要。当大多数人在做设计时无意识地遵循着约定俗成的认知时，总有一些人会自觉到设计边界的局限，从而问一句“为什么一定要是这个样子呢？”于是他们再次回到原点去重新思考边界的含义。建筑设计中的创新往往就是这样产生出来的。许多创新并不是推倒重来，而是寻找合适的契机去改变人们观察和评价事物的角度，从而在大家不经意的地方获得重新整合资源的机遇。

我们工作室起名叫非标准建筑，也是希望能够对事物标准的边界保持一点清醒和反思，时刻提醒自己世界上没有什么概念是理所当然的。

在丛书即将付梓之际，衷心感谢中国水利水电出版社的李亮分社长、杨薇编辑以及出版社各位同仁对本书出版所付出的辛勤努力；衷心感谢各建筑网站提供的丰富资料，使我们足不出户就能领略世界各地的优秀设计；衷心感谢所有关心和帮助过我们的朋友们。

天津大学建筑学院
非标准建筑工作室
赵劲松
2017 年 4 月 18 日

前　言

FOREWORD

城市中的建筑随着社会的发展日益立体化、复杂化、综合化，从原始的单纯功能建筑逐步发展成为承载多种城市功能的集中式复合建筑。这种“拥挤”的组织方式给建筑设计理念带来了全新的变革，建筑师及开发商的个人审美、传统的几何形式等不再是集中式建筑的设计准则。

集中式建筑是相对于常规的单一功能建筑或者无逻辑的集中式建筑来讲的，是城市规划与建筑设计、单一功能与多重功能相互交融的结果。而这种组合形式势必带来功能上的融合与创新，“效率空间”的产生使空间的界限更加模糊，功能分布更加灵活且符合建构逻辑。

本书基于国内外富于创新精神的设计实践，通过对大量案例的总结与归纳，从中探寻当代城市建筑理念创新的依据，最后总结非标准集中的具体应用方法。

库哈斯在法国图书馆的竞赛中提到，“在一个建筑项目中有两个部分，一部分是非常特殊的，而另一部分则是非常枯燥的”。建筑师在设计过程中应该将这些枯燥乏味的部分组织为一些有规则的整体，然后将特殊的部分作为重点进行创新。在法国图书馆方案中，书库等储藏部分占到了1/2以上的空间，库哈斯将其作为一个规则的立方体处理，公共空间作为设计重点穿插在这个立方体之中。

上述法国图书馆的案例中，库哈斯将具有实际功能且不能简化融合的部分作为较为规整的功能空间，而将承载大多数人公共活动的部分进行有效的融合从而形成了“效率空间”。“效率空间”不仅仅代表了时间、空间或者经济上的节约，也有效地促进了人与人之间的交流。因此在城市空间愈加减少的环境中，建筑内部空间承担了更多城市的职能。

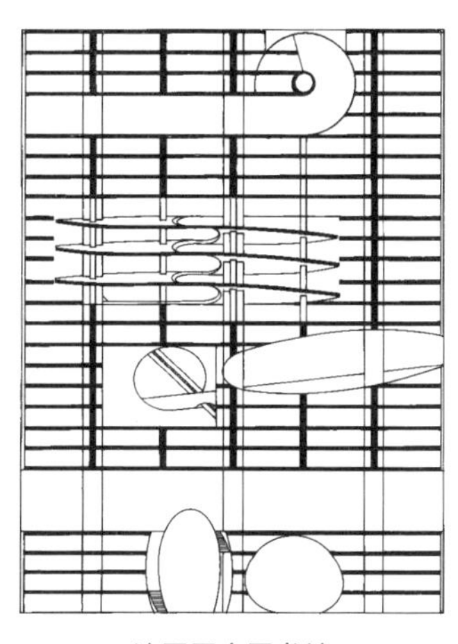

法国国家图书馆

羊城

2017年2月

目　　录

CONTENTS

序　关于《非标准建筑笔记》 002

前言 004

01　集中的 N 种形式 008

街道式集中 010

堆叠式集中 014

广场式集中 026

嵌入式集中 038

包裹式集中 044

螺旋式集中 058

立体嵌入式集中 066

02　效率空间的基本类型及空间诉求 080

景观性诉求 084

可参与性诉求 102

01

集中的 N 种形式

集中强调了功能空间及效率空间组织的逻辑性，这些逻辑关系在面对复杂的内部矛盾以及外部城市环境的影响下满足不同的需求。通过对大量案例的总结大致可以将其组合形式分为：一维集中、二维集中、三维集中。

一维集中也称为序列集中，主要表现为功能要素在水平或者竖直方向上以一种连续的线段或者回环似的效率空间进行串联。功能之间存在着先后关系，效率空间也与这种关系相适应。在实际案例中，水平方向上的一维集中呈现为“街道式集中”，竖直方向上为“堆叠式集中”。

二维集中指的是功能要素与效率空间以面的形式进行联结，功能要素与效率空间彼此交集形成并列关系。根据效率空间与功能要素相交集的范围将此类建筑分为“广场式集中”“嵌入式集中”“包裹式集中”。

三维集中不能以抽象的点线面来概括其复杂的组合方式，有些采用上述一维组合或者二维组合中几种方式进行整合使用，而更多的采用立体化、多层次化的手段，解决更加复杂的问题，从而使功能要素和效率空间融为一个整体，具有更大的包容性与灵活性。三维集中主要有“螺旋式集中”“立体嵌入集中”两种方式。

三种集中方式适应了城市和市民对于空间不同层次的需求，从简单的功能组合到复杂的效率空间的融合。

街道式集中

“提到一个城市时你最先想到的是什么呢？是它的街道”。利用线性空间将功能空间串联，这种组合方式中各个功能单元保持相对的独立性，而效率空间往往以城市中街道空间为原型。由于街道空间与建筑相互独立，这种组合方式呈现出下图特点（作者自绘）。

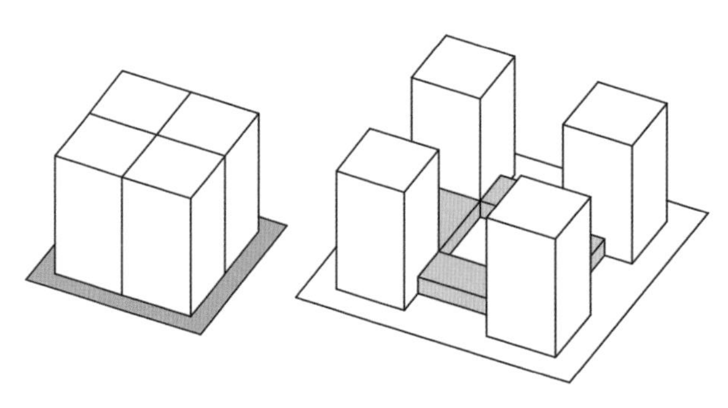

具有较为宽松的用地条件

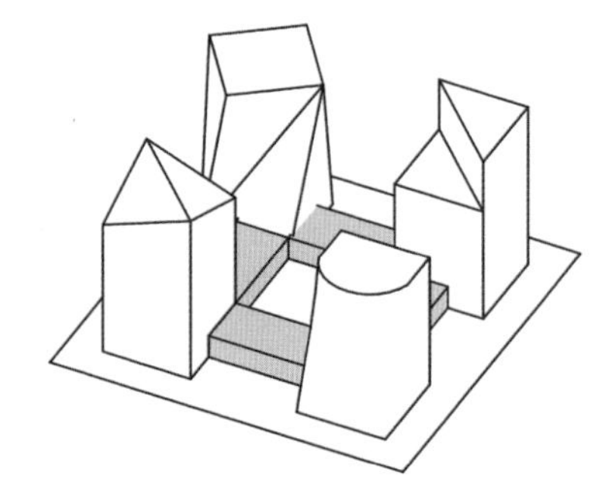

建筑单体根据其使用功能具有独立的特征和形态

可以独立运营管理

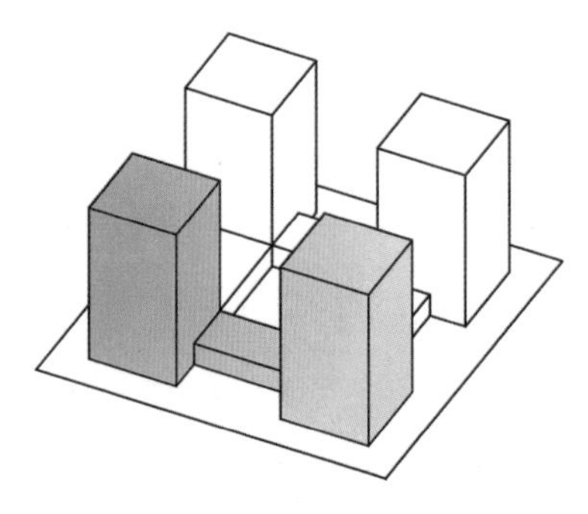

效率空间与邻近的功能空间有较强的关联性

街道式集中

空中街道

项目名称：北京当代 MOMA

建筑设计：史蒂文·霍尔

图片来源：www.stevenholl.com

北京当代 MOMA 中的效率空间以空中街道的形式串联了住宅、公寓、酒店、电影院等不同功能的塔楼。住宅、酒店等建筑类型本身的立面造型比较单纯，将街道放置于空中相比于放在地面作为建筑主要的复合空间，更显示其标志性。这样还可以将建筑周边的界面开放给城市，住区之外的游客也可以自由地进入场地并乘坐电梯进入空中连廊欣赏住区的风景与城市的繁华。向城市开放的空间可以提升整个住区和周边环境的活力。

街道式集中

可以灵活划分的光影长廊

项目名称：青岛艺术中心

建筑设计：史蒂文·霍尔

图片来源：www.stevenholl.com

建筑师将主要的展览功能复合成“光影长廊”，这个新颖的设计将几个“艺术岛”（其中包括建筑岛和景观岛）用连续的水景、花园以及长廊等景观联系起来，形成了一个连贯丰富的空间，试图把传统园林的特质以一种全新的方式呈现出来，同时方便游客在多个展览区之间穿行。

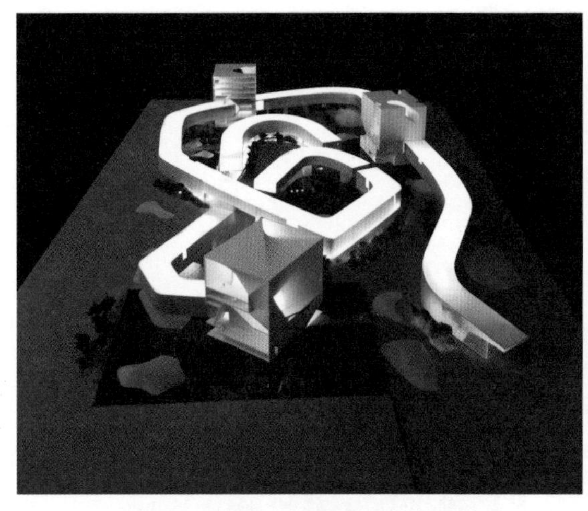

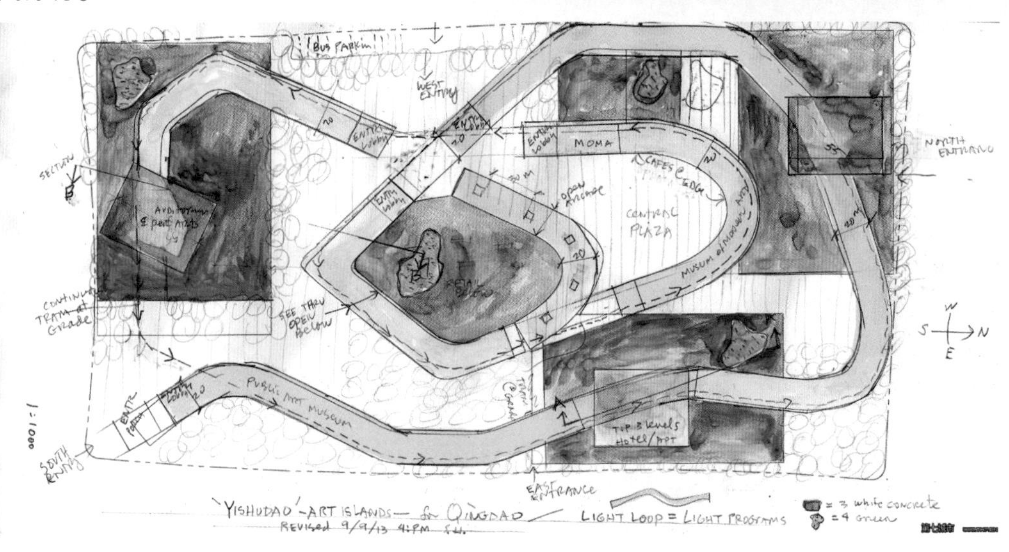

上述两个案例中，街道空间的位置不同于以往放置在地面上，将其架设在空中主要有以下两个特点。

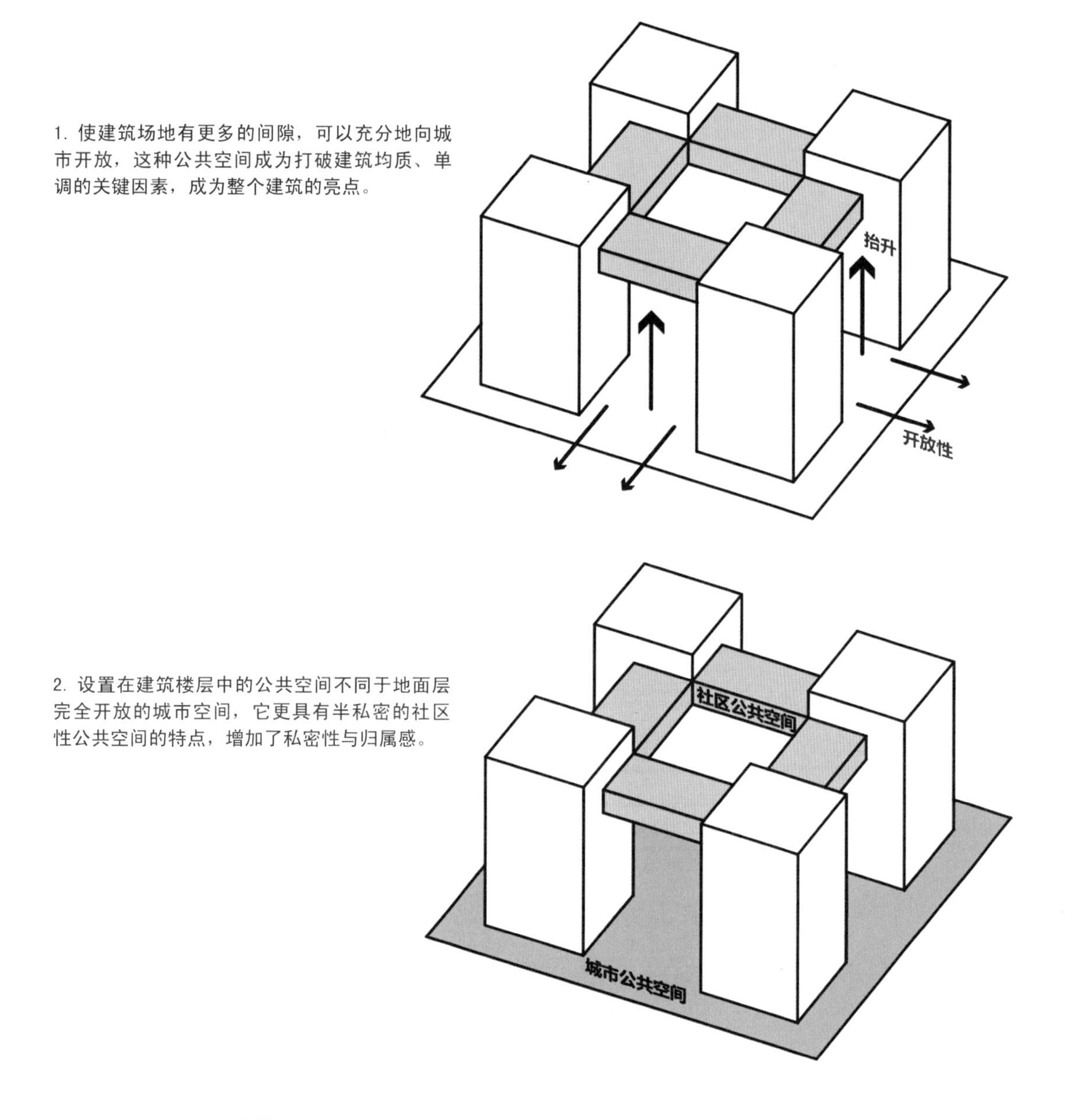

1. 使建筑场地有更多的间隙，可以充分地向城市开放，这种公共空间成为打破建筑均质、单调的关键因素，成为整个建筑的亮点。

2. 设置在建筑楼层中的公共空间不同于地面层完全开放的城市空间，它更具有半私密的社区性公共空间的特点，增加了私密性与归属感。

堆叠式集中

随着建筑技术的发展，现代建筑从平面的自由到剖面的完全自由，由此引发了一个矛盾性的问题：空间垂直向的分隔与电梯或扶梯所带来的垂直向的连接之间的矛盾。库哈斯在《疯狂的纽约》中提供了一个原形：下城运动俱乐部，多重功能在垂直方向上并存。我们可以看到这种组合方式保持基本的楼层叠加方式，但是随着功能越来越多，它的空间也根据使用要求的不同而变化，这种集中式建筑的特点如下。

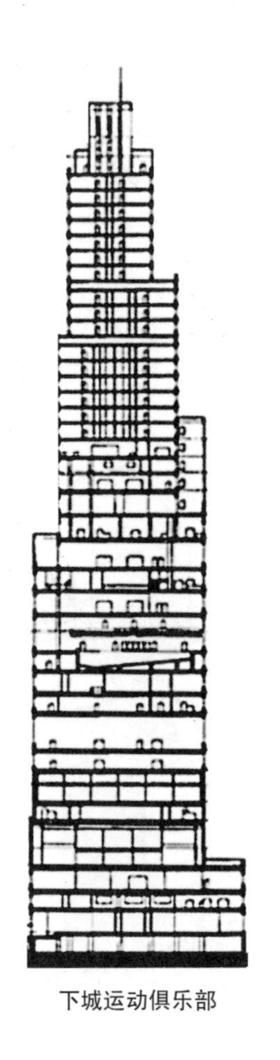

下城运动俱乐部

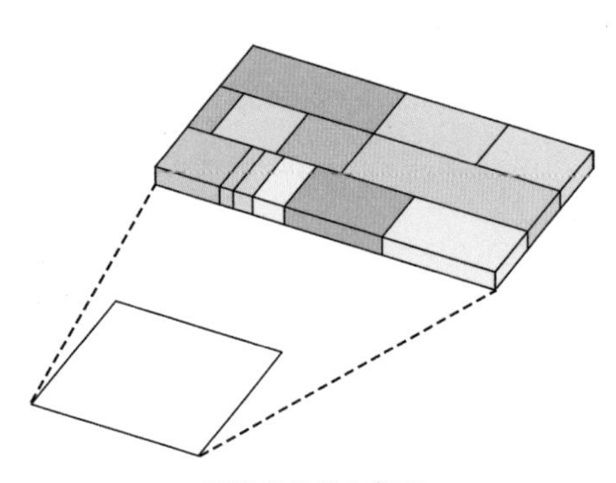

用地条件较为紧张

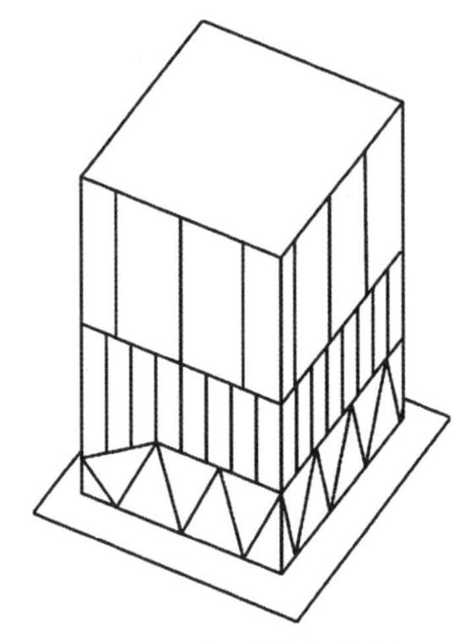

采用非匀质的结构体系适应不同的空间需求

堆叠式集中

不同性质空间竖向组合

项目名称：德国卡尔斯鲁厄艺术媒体博物馆

建筑设计：OMA 建筑设计事务所

图片来源：《瑞姆·库哈斯的作品与思想》

德国卡尔斯鲁厄艺术媒体博物馆的功能包括了一个综合实验室、大学和多媒体剧院，从下至上依次是剧院、两层实验室、一层报告厅和两层博物馆展览空间。在这个项目中，结构起了决定性的作用，建筑中任何一层都可以根据其单独的空间需求进行设计，不再屈从于统一规则的结构体系中，与这层相邻的结构也可以完全脱离整体的结构体系。

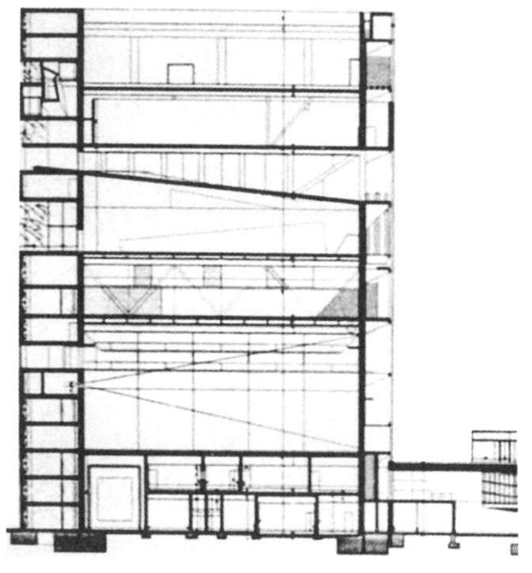

堆叠式集中

不同性质空间竖向组合

项目名称：赫尔辛基中央图书馆竞赛
建筑设计：ALA 建筑设计事务所
图片来源：www.gooood.hk

建筑师采用最为简练的设计手法将不同空间要求的功能叠合在一个流线型的体块中，并形成相互咬合的融洽关系。底层空间形成一个拱状的门厅，欢迎着所有的访客，也使得室内外得以自然地过渡。整个地面层适用于频繁快速的访问和活动。顶层空间明亮而安静，能俯瞰赫尔辛基城市胜景。弧形的木条组成了建筑外立面和内饰面的一部分，营造出温暖亲密的氛围。

堆叠式集中

不同性质空间竖向组合

项目名称：法国波尔多文化中心
建筑设计：BIG 建筑设计事务所
图片来源：www.big.bk

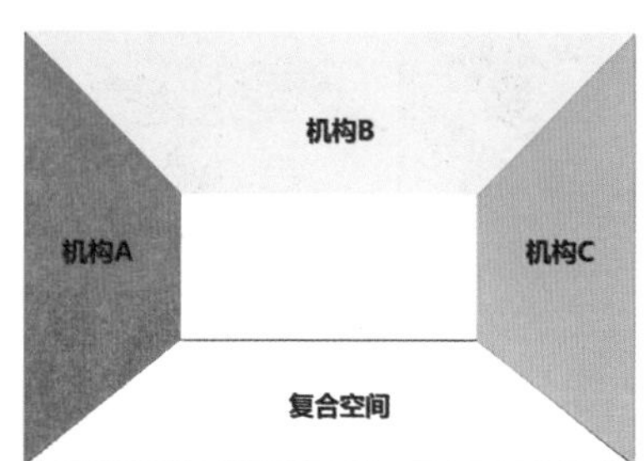

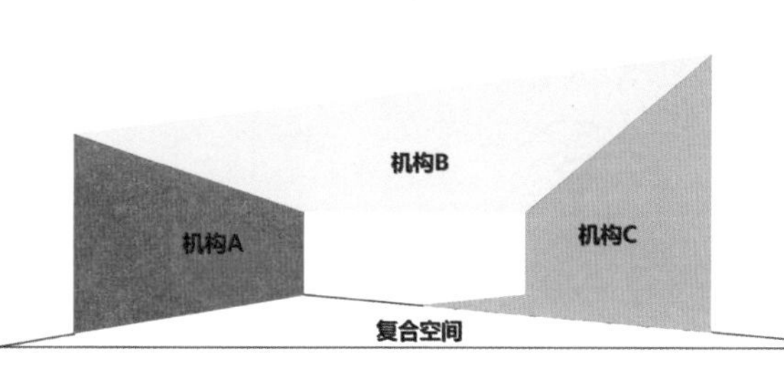

法国波尔多文化中心的设计中，BIG将艺术基金会等三个机构组织在了一个建筑中，同时营造出了一个沿河的广场。这个广场利用坡道将建筑与城市连接了起来，使建筑中心形成了一个视觉通廊使城市公共空间融入到建筑之中。广场同时可以作为室外艺术展区、舞台表演空间和电影院。这种多功能层叠的组合方式将城市空间与建筑空间组合在了一个通透的坡道界面中，形成了一个向市民开放的公共场所。

堆叠式集中

垂直化的社区

项目名称：米洛德住宅
建筑设计： MVRDV 建筑设计事务所
图片来源：www.mvrdv.nl

MVRDV 设计的米洛德住宅位于西班牙马德里。建筑师为了此住宅脱离被杂乱无章的建筑充斥的街道，首先做了一个水平向发展的住宅街区，然后将这个街区进行 90° 翻转形成了一个垂直的塔楼。这样在水平街区中的庭院空间就成为了建筑中心宽敞的空中平台。其中的住宅单元也变为了竖向叠加的住宅体块，而街道也相应变为了多种不同的垂直交通空间。

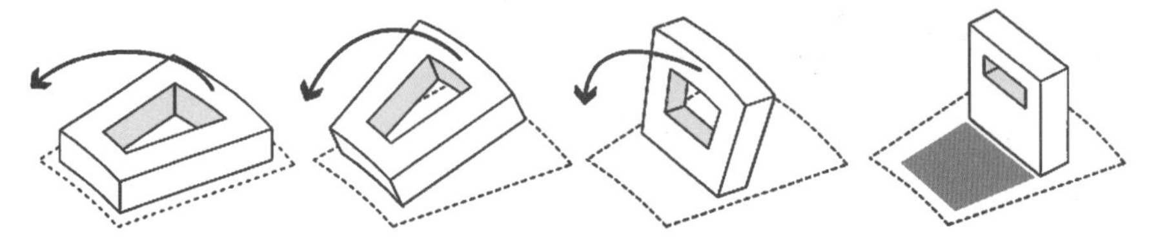

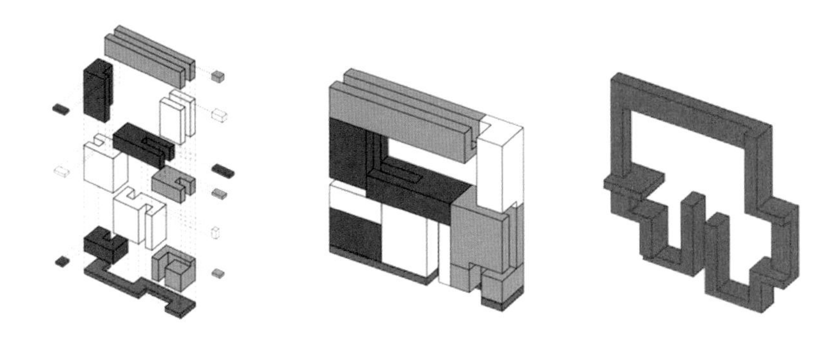

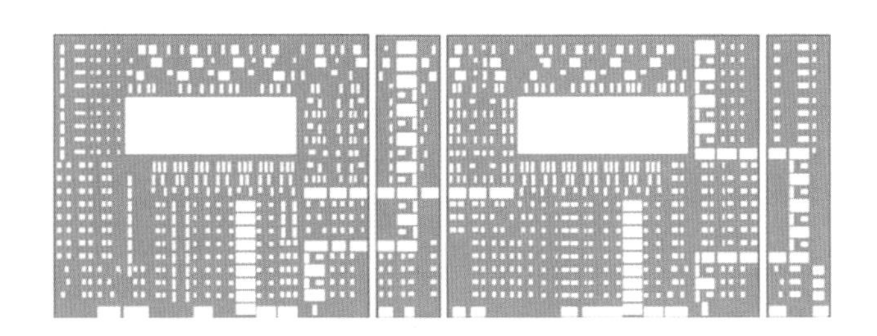

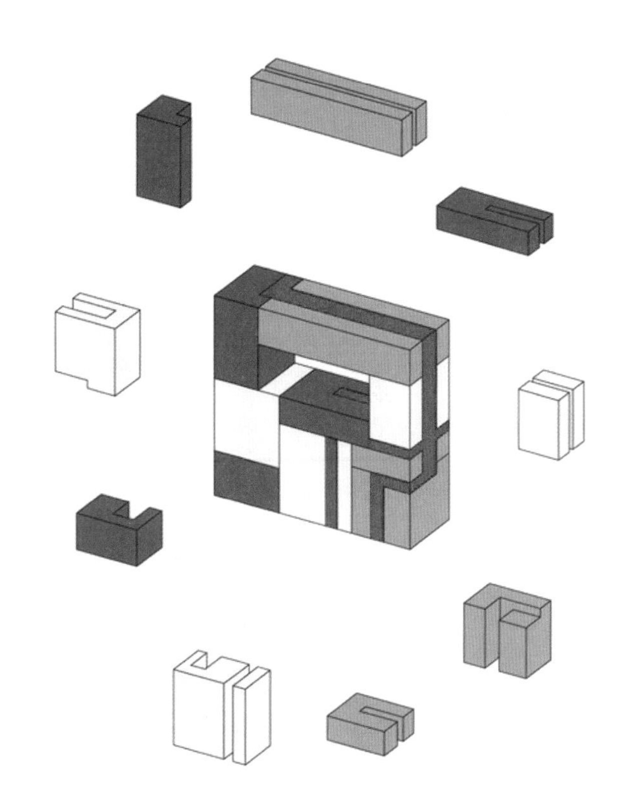

堆叠式集中

功能体块竖向组合

项目名称：鹿特丹大厦

建筑设计： OMA 建筑设计事务所

图片来源：www.oma.eu

OMA 设计的鹿特丹大厦可以看成是一个三座层叠与交错的大楼组成的垂直城市。重叠的块体中分布着密集而多元的功能，包括办公室、住宅、酒店及会议设施、餐厅和咖啡厅。这三座塔楼高 150m，面积约为 162000m^2，是当地最为庞大的建筑。

OMA 的理念认为庞大的规模无论在形式还是功能上都应具有城市的密度和多样性。这三座塔形体被微妙地解分，OMA 拒绝其成为一个无聊的单体，希望其成为各角度都有趣的体量。同时这个形体也是内部功能的忠实反映。各个功能布局像一个个可以随意搭配的体块，这些体块在这个建筑中相互协调，例如办公人员与住户都可以共用其中的会议中心、运动设施等。底层作为建筑的效率空间联系着各个功能空间，同时有一个海滨咖啡厅面向市民开放。

堆叠式集中

功能体块竖向组合

项目名称：新加坡交织大楼
建筑设计：OMA 建筑设计事务所
图片来源：www.oma.eu

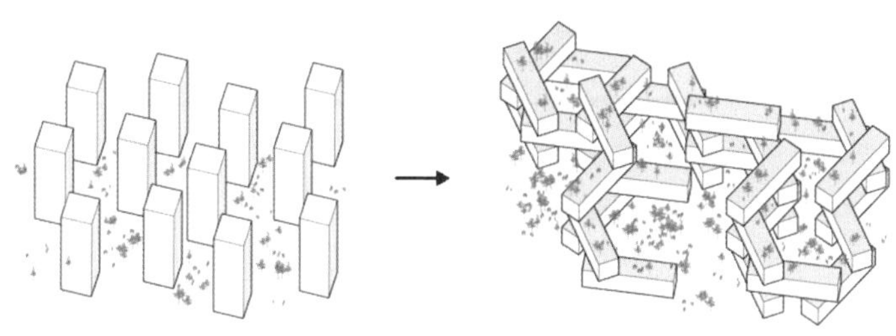

建筑整体企图脱离新加坡传统的住宅建筑模式，OMA 探讨热带居住空间的可能性，提出一种与自然环境协调并注重交流互动的热带生活方式，让城市人脱离市中心却不失城市的感觉。该大楼拥有 31 栋住宅，每栋 6 层楼高，尽管看起来不高耸入云，却拥有相当于 24 层楼的高度。以六边形的格局相互联结叠加，形成 6 个超大尺度的通透庭院，其交织的空间形成一个包括空中花园、私人和公共屋顶平台，提供休闲娱乐的场地。这栋拥有前卫设计的公寓充满了科技化的几何美感，成功地创造了视觉上的新奇体验。

堆叠式集中

功能体块竖向组合

项目名称：土耳其 Vakko 总部
建筑设计： REX 建筑设计事务所
图片来源：www.rex-ny.com

项目开始于一个已有的混凝土结构，REX 将新结构和复杂的室内核（错叠的“展示盒子”）与混凝土结构混合在一起，但从室外看，该建筑仍不失一个整体。立面玻璃板上面的 X 形结构打破了玻璃盒子外部的单调，并与上部的镜面玻璃盒子形成对比。

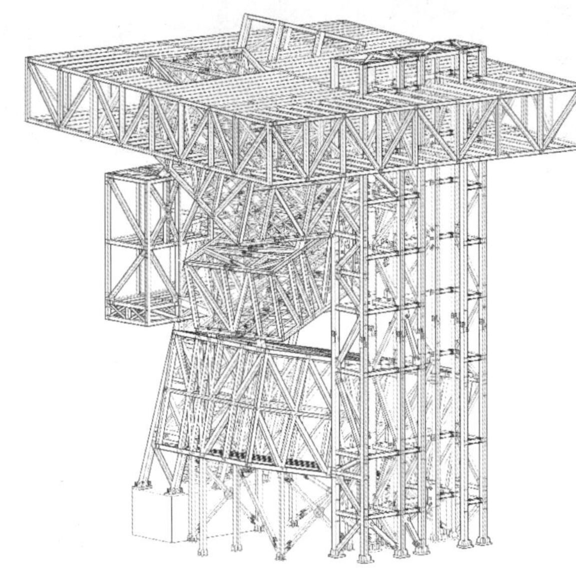

堆叠式集中

功能体块竖向组合

项目名称：Benguela 88

建筑设计：OODA 建筑设计事务所

图片来源：www.gooood.hk

该楼拥有多种不同的住宅单元。从建筑内可欣赏到远处无限的海景，设计概念是堆叠的立体体块。建筑共有四种基本层，这些层叠加为形状不一的体块单元，然后进行错落有致的叠放，最终形成建筑现有的造型。当地气候属于热带草原气候，因此在建筑叠摞的体块之间设置了大量的室外绿色花园空间供人们享用。

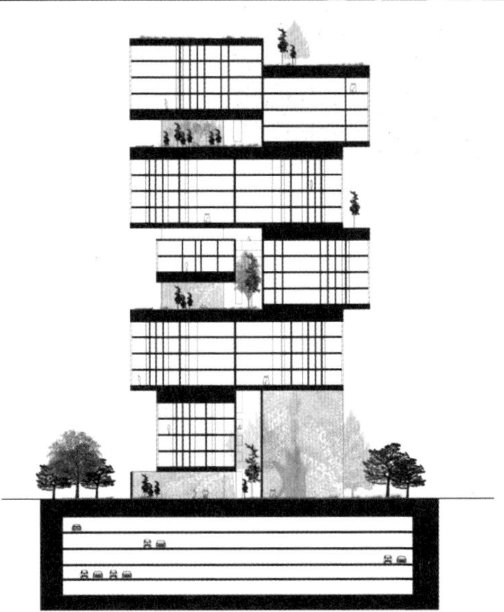

堆叠式集中

功能体块竖向组合

项目名称：立体表参道大厦
建筑设计：WTT 建筑设计事务所
图片来源：www.archgo.com

表参道大街被认为是现今世界时尚界的重镇。新建筑如何既能融入到现有的城市文脉中，又屹立于表参道大街代表一种时尚，是一个值得探讨的问题。时尚博物馆被设想成一个竖向的表参道大街，也就是“立体表参道大厦”。在这个100m高的博物馆塔楼中，大街被诠释成为连接一系列水平体量的电梯、扶梯、平台和楼梯组成的交通网络。作为漂浮的精品店，塔楼上众多围合的体块形成了一种高档时尚的设计环境。体块内包含着主要的功能空间，如时尚展廊、办公室、秀台以及最高层的空中酒吧。

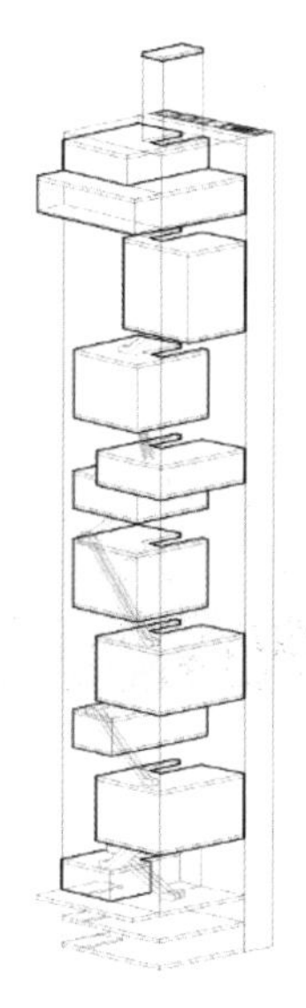

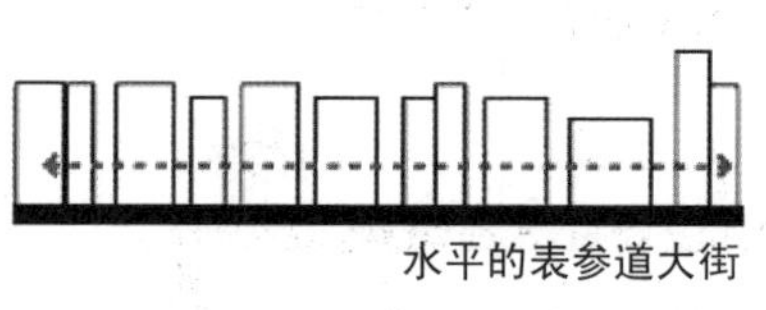

水平的表参道大街

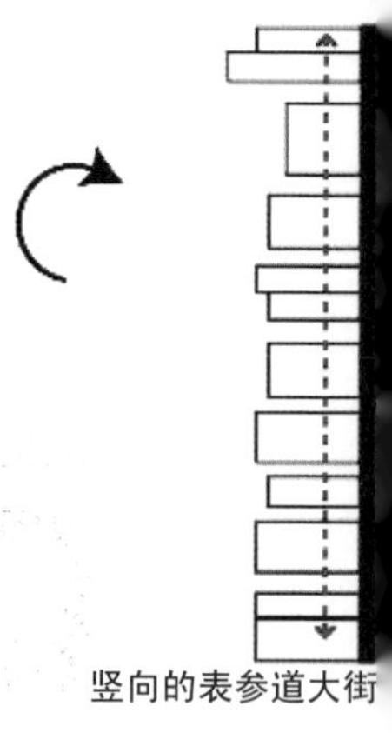

竖向的表参道大街

堆叠式集中

将底座竖向堆叠，形成标志性

项目名称：国银民生双塔

建筑设计：REX 建筑设计事务所

图片来源：www.gooood.hk

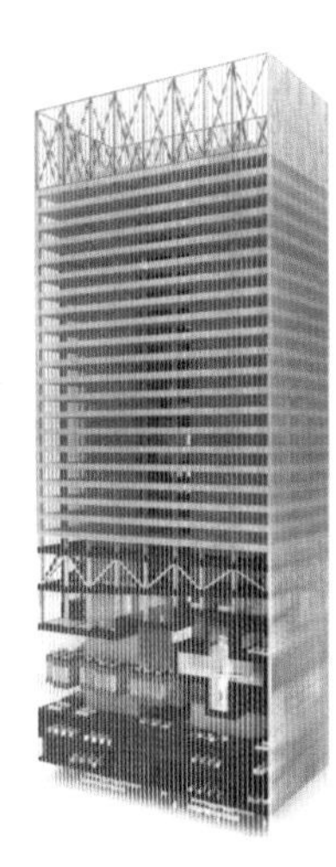

在设计之初，依据当地的城市风貌，设计师将这座塔楼的形式基本设定为塔楼和底座的组合方式。但是在设计师看来，这种方式使不同用途的公共空间淹没于底座中而失去了自己的个性。所以设计师首先将建筑提升到规划控制的最高值，这样建筑就有了最大化的体量以及标志性，然后将底部平摊的公共空间竖向堆叠，这样每个空间都有一个醒目的外表彰显自己独特的身份，犹如巨大的广告牌。

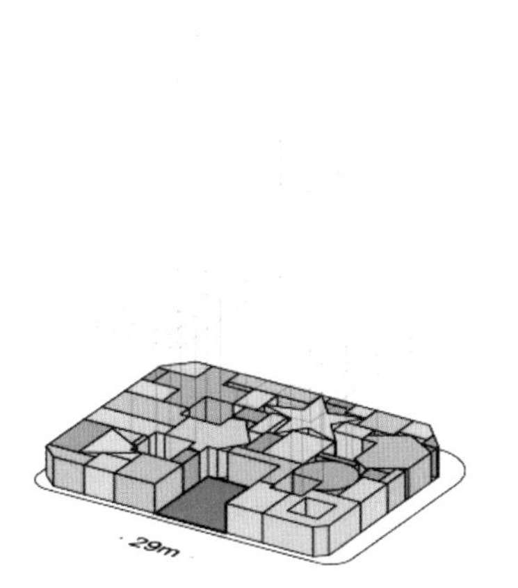

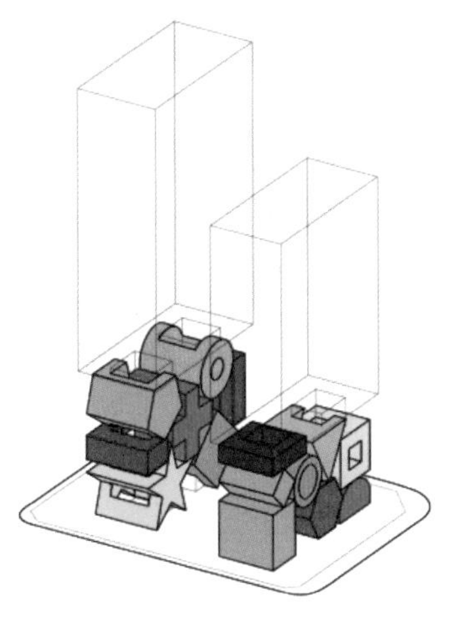

广场式集中

效率空间以一个广场似的空间将其他功能要素等价并联，是街道空间二维化的变形。这里的功能要素没有线性的秩序，同时在复合空间联系着彼此。但是功能要素也保留了街道集中形式的特性——彼此独立，这样我们就可以总结得到广场式复合的基本特征。

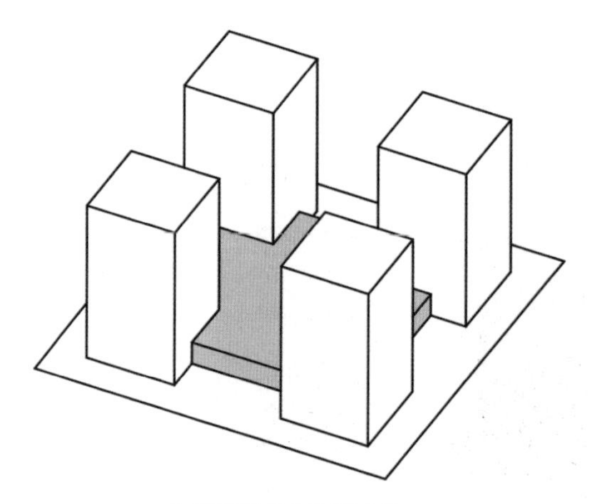

广场链接各个功能空间

独立的设计特征与管理

广场式集中

核心区联系各个独立功能

项目名称：北约新总部

建筑设计：OMA 建筑设计事务所

图片来源：www.oma.eu

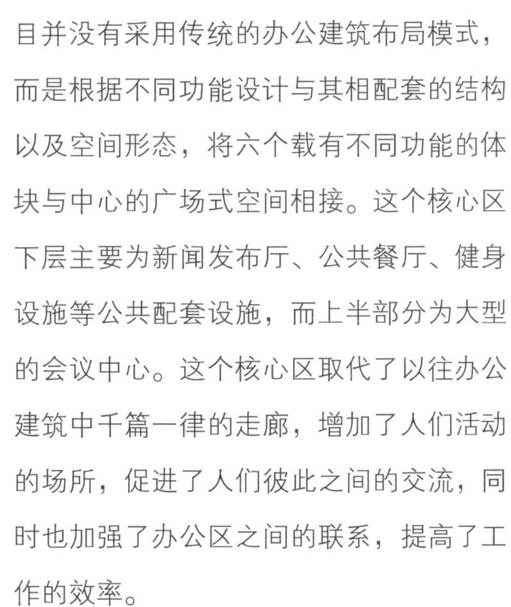

库哈斯设计的北约新总部办公大楼项目并没有采用传统的办公建筑布局模式，而是根据不同功能设计与其相配套的结构以及空间形态，将六个载有不同功能的体块与中心的广场式空间相接。这个核心区下层主要为新闻发布厅、公共餐厅、健身设施等公共配套设施，而上半部分为大型的会议中心。这个核心区取代了以往办公建筑中千篇一律的走廊，增加了人们活动的场所，促进了人们彼此之间的交流，同时也加强了办公区之间的联系，提高了工作的效率。

广场式集中

核心区联系各个独立功能

项目名称：博科尼城市学校
建筑设计：OMA 建筑设计事务所
图片来源：www.oma.eu

在博科尼城市学校建筑项目竞赛中，库哈斯没有将学校的每栋建筑都作为一个单体来设计，而是作为一个整体，利用一个公共的院落将所有功能融合在一起。所有建筑的首层不再是闭塞的门厅，而是与一个个大大小小的伞形组成的广场组合在一起，增强了建筑的通透性与开放性。结构伞下的空间为这里的师生提供了一个可以自由穿梭或者停留的场地，极大地提升了校园公共空间的品质。中央的广场式空间是被相互串联的建筑物包围的校园，整个校园又被城市环绕，教学空间不再随着功能的限制孤立在某处，而是通过广场效率空间的设计将学校串联融合为了一个整体。

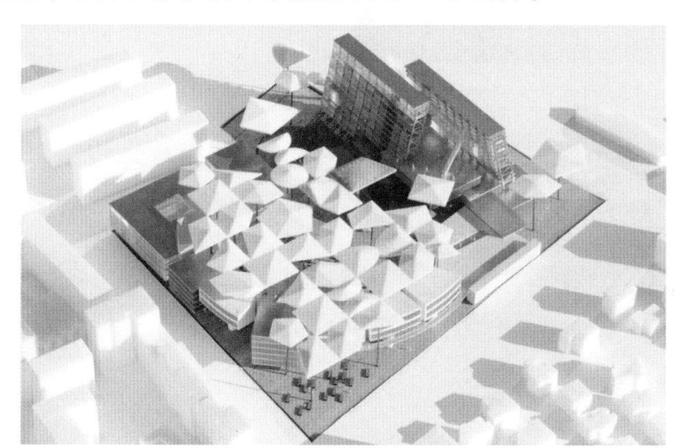

广场式集中

核心区联系各个独立功能

项目名称：博物馆大厦

建筑设计：REX 建筑设计事务所

图片来源：www.rex-ny.com

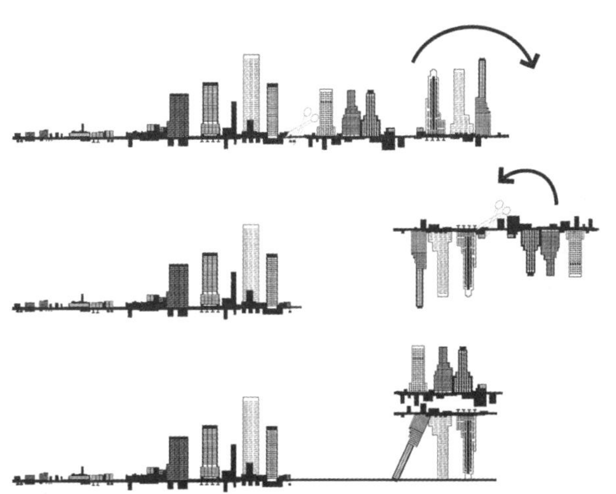

REX 通过对博物馆大厦各种功能空间进行组合，如豪华公寓、酒店、写字楼、LOFT 公寓和零售等，同时将其中有关艺术的部分作为中心，从而避免了将一个单一功能建筑插入过度饱和的路易斯维尔市场中。案例中的效率空间，将建筑功能中会议、艺术展示等方面集中在一个“悬浮岛”中，形成一个博物馆性质的公共平台。它的功能来自于原有功能要素中可以产生交流活动的部分。经过重新梳理的效率空间具有更大的价值。

广场式集中

拱形屋顶覆盖的交通综合体

项目名称：墨尔本火车站
建筑设计：赫尔佐格和德梅隆
图片来源：www.archgo.com

建筑师极力保留原有火车站的历史特色，同时融入了大量社会、文化、商业功能。这些功能都在这个连续起伏的顶棚下相互融合。巨大的穹顶是原有建筑肌理的延续，文化展廊、室外展场、文化馆等一系列场所被安排在了中间的广场上，使此广场成为了整座建筑和周边河流、街道联系的纽带。这个车站不再仅仅是人们旅途中匆匆而过的交通建筑，而且还成为城市中不可或缺的休闲娱乐场所，这样的设计使整个片区的活力得以显著提升。

广场式集中

旋转扭结为核心广场

项目名称：深圳方大企业总部
建筑设计：华森建筑（Huasen Architects）
图片来源：www.archdaily.com

设计方案在原有的建筑基地上重新塑造了 300000m^2 的综合建筑，集零售、办公、娱乐与休闲空间于一体，从高科技研究与技术开发中心基地上高高耸起。设计竞赛要求将公交终点站融入方案中，建筑直接将此作为设计出发点。综合建筑的中心成为空间节点，好似飓风的风眼，四座高度不同的办公塔楼由此旋转而出。

广场、植被区和水景被结合在宽阔的带状结构中，创造了一个极具凝聚力的建筑实体，模糊了生活与工作之间的界限。塔楼之间都互相有一定的距离，而组成中央环路的不同的楼层融为一体，形成一个连续的空间。

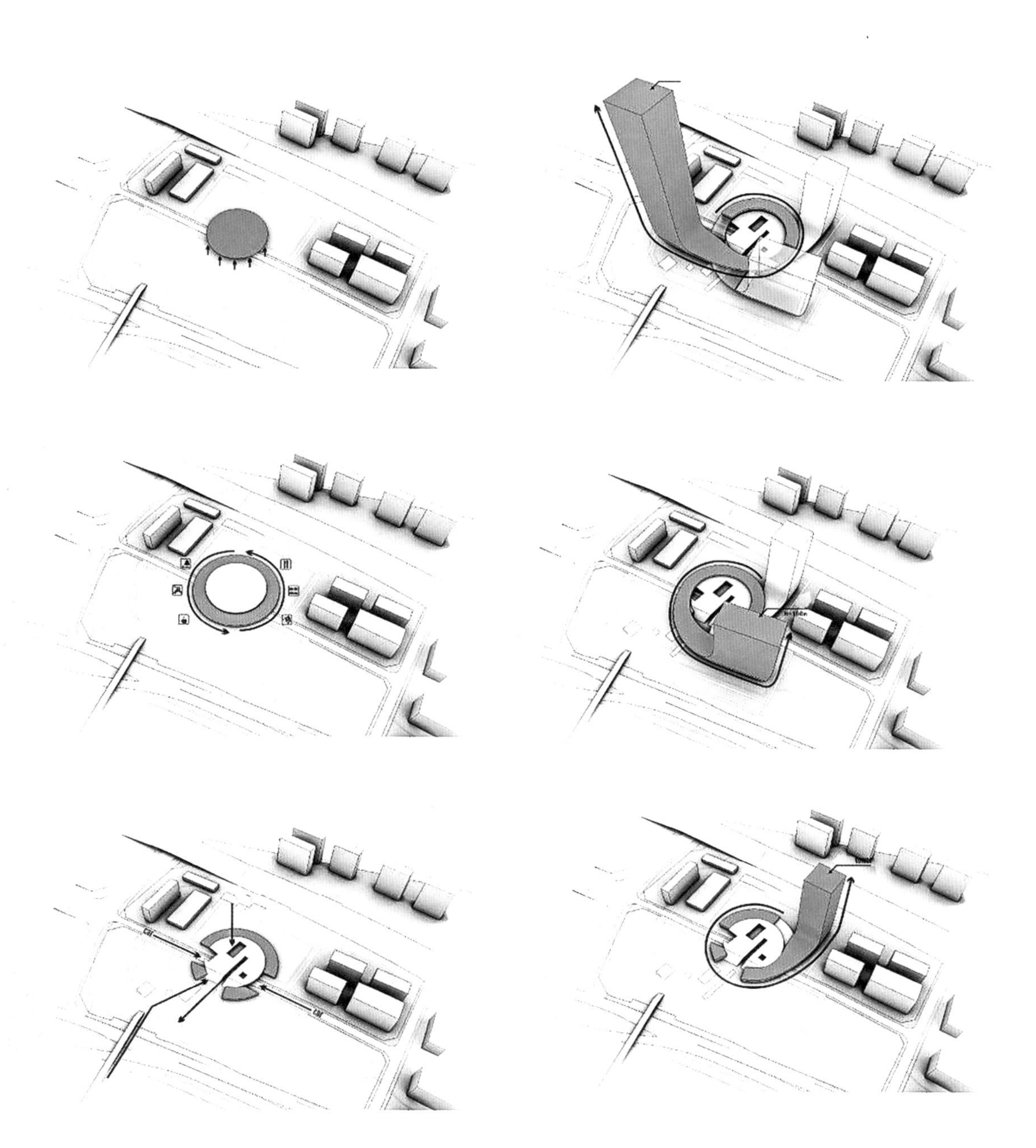

广场式集中

承载活动的交互广场

项目名称：珠海大学新校舍

建筑设计： OMA 建筑设计事务所

图片来源：www.oma.eu

新校舍由三个学院共十个学系的教学设施，以及两个研究中心所组成，当中 75% 的面积都集中于两座并排而立、各高八层的大楼之内。双主楼的设计源自便于快速兴建的构想，所有结构组件均置于外墙，腾出了楼层平面的空间，提供最大的灵活性。

双主楼由一个以楼梯与平台相交错构成的“交汇广场”相连接，“交汇广场”是校园的通道，顺应基地朝海面倾斜的地势而建。“交汇广场”把校园生活集中起来，促进不同学系的师生交流。“交汇广场”坐拥四周的山光水色，人们亦可透过双主楼通透的立面看到校舍内部的面貌。

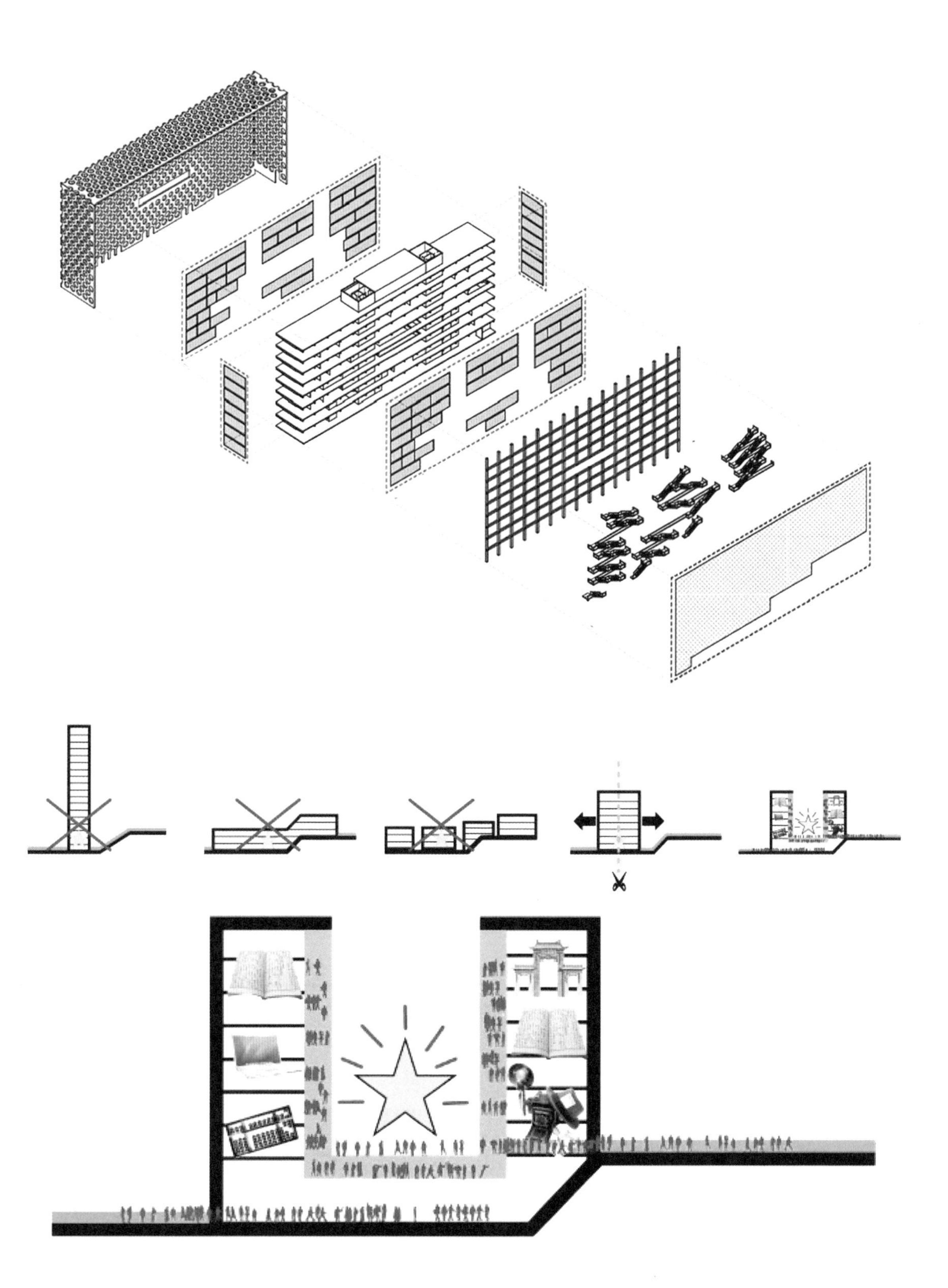

广场式集中

扭动与起伏的广场

项目名称：深圳现代技术研发中心
建筑设计： 零壹城市
图片来源：www.lycs-arc.com

建筑表面连续的玻璃幕墙和水平出挑的楼板，将平面上的错动以连续形态的手法统一起来。在水平向的层层叠落中，引入第三层扭动层，扰动了连续的水平姿态。该层的起伏、错动和扭转为静态的建筑带来动态。外挂在建筑外立面、穿越建筑群之间的楼梯，形成连续立面中的非连续元素。整体建筑形态在这种错动和统一、连续性和非连续性中达到一种微妙的平衡。三层的各功能形成了形式灵活的开放式创意办公区、展示区、教育区和综合服务区等。

广场式集中

老建筑之间的联系空间

项目名称：康奈尔大学米尔斯坦大厅
建筑设计：OMA 建筑设计事务所
图片来源：www.oma.eu

库哈斯设计的位于纽约北部康奈尔大学建筑艺术和规划学院(APP)的米尔斯坦大厅，是广场式集中手法在旧建筑改造中的应用实践。米尔斯坦大厅是 APP 近百年来的第一座新建筑。新建筑将老建筑联系起来，主入口设立在北端。目前 APP 占据了四个风格不同但结构相似的独立大楼，米尔斯坦大厅并非单独存在，而是一个中间的广场空间，将 APP 的大楼们相互连续的室内和室外空间各层组合成一个整体。

嵌入式集中

效率空间以一个整体的形式嵌入到功能要素之中，或者将功能要素中“爆裂”一个缺口，以效率空间作为填充。这种具有戏剧性的手法，有以下几个特征。

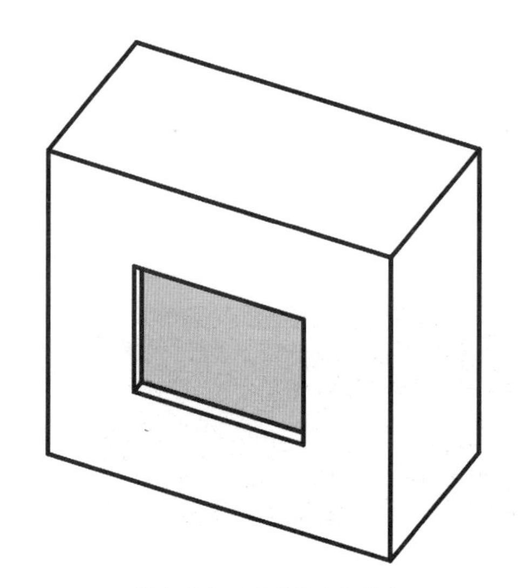

竖直方向呈现“视窗”特征

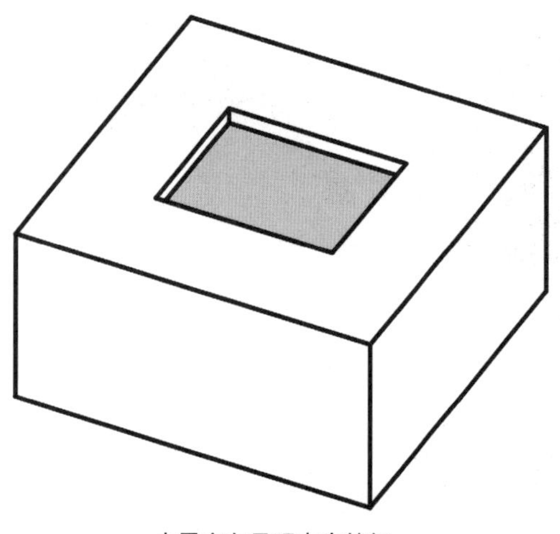

水平方向呈现中庭特征

嵌入式集中

视窗空间

项目名称：柏林媒体艺术中心

建筑设计：Ole Scheeren 建筑设计事务所

图片来源：www.ieday.cn

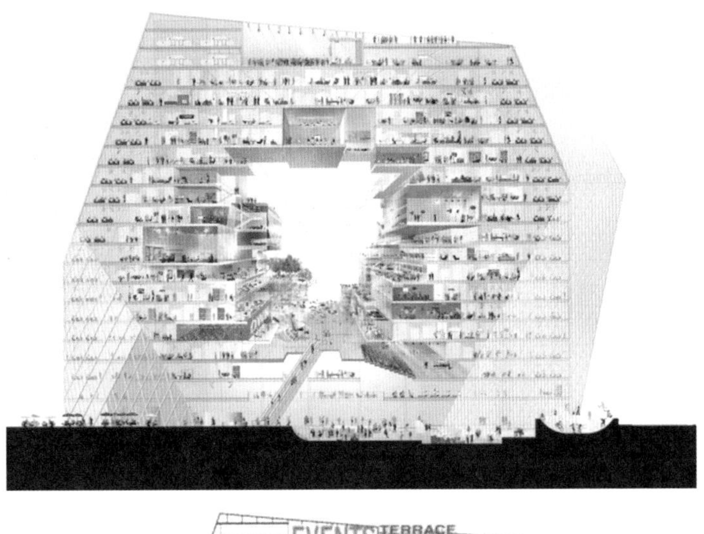

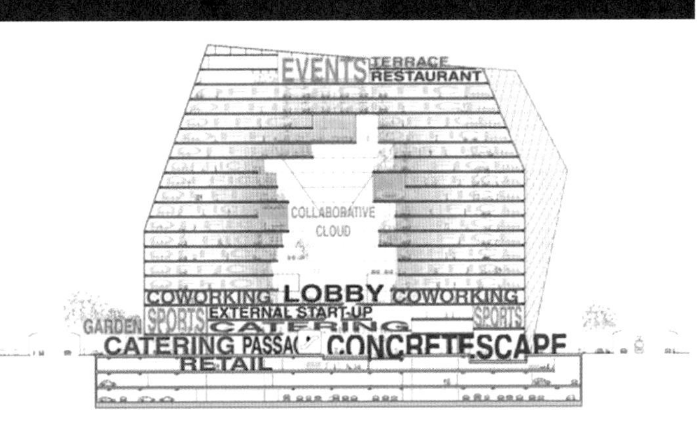

在柏林新媒体园区竞赛中，Ole Scheeren 建筑设计事务所选择了“融合的云”这一概念来作为嵌入式效率空间的意向。在当今的互联网时代，工作不一定要在规定的时间和地点完成。现在工作场所的意义也更加倾向于将人们聚集起来进行交流。对于一个需要集思广益的媒体公司，一个特定的交流场所是这个设计中最重要的部分。建筑师在这个项目中创造了云一样通透、模糊的空间。在这个云的周边是传统的办公空间。云空间充分展示了媒体公司的理念。

嵌入式集中

公寓单元包围市场

项目名称：鹿特丹市场
建筑设计：MVRDV 建筑设计事务所
图片来源：www.mvrdv.nl

MVRDV 在荷兰鹿特丹设计了一座拱形室内集市。集市内可以容纳 96 个农产品销售台，20 个酒类及其他物品零售台。集市上方的拱形由 228 个公寓单元组成。集市下方的停车场共有四层，能提供 1200 个车位。这种集市加公寓的组合方式无疑是世界头例，市场的墙和房顶是由 228 个公寓构成的一个大弧形。

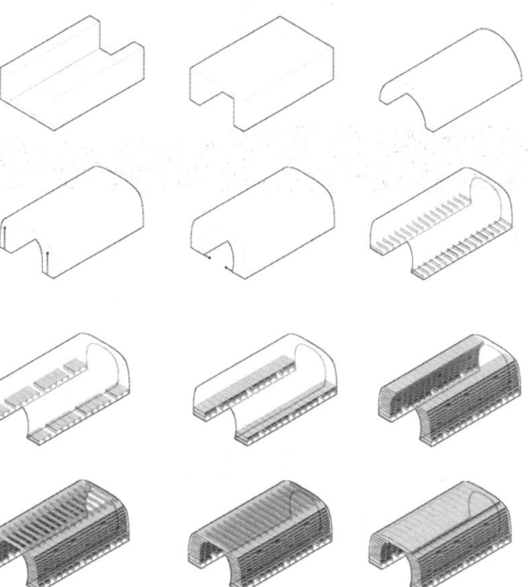

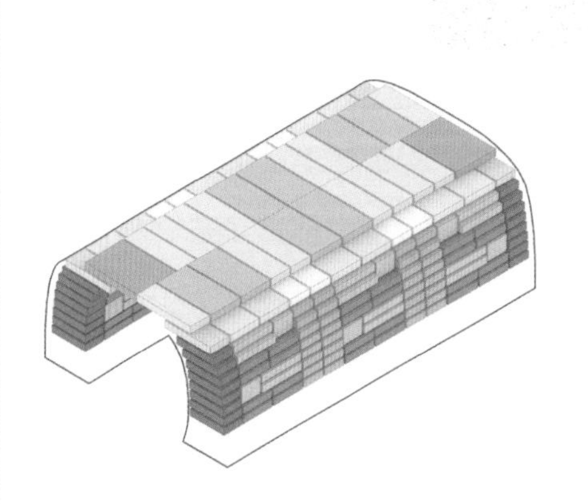

嵌入式集中

嵌入活动空间

项目名称：代尔夫特理工大学学生宿舍
建筑设计：Studioninedots + HVDN
图片来源：www.studioninedots.nl

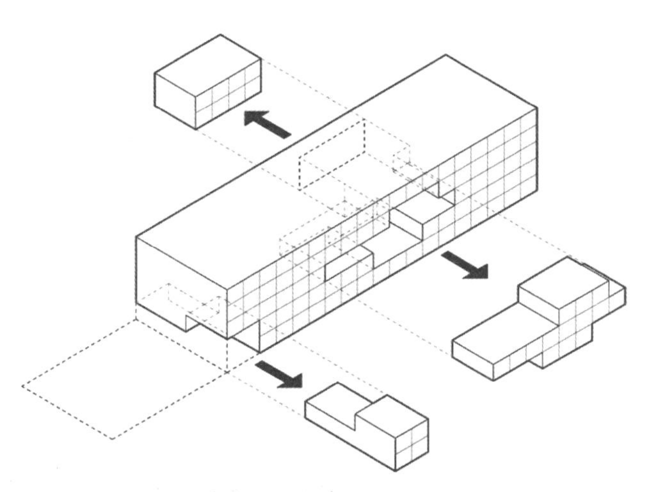

在代尔夫特理工大学学生宿舍竞赛中 Studioninedots + HVDN 的提案在宿舍中部设置了一个集会空间，来增加学生间的互动。同时建筑与环境的渗透也将室外的景观引入到宿舍内部达到相互借景的效果。建筑师在这些规则统一的宿舍中抽取一些宿舍，作为局部的开放空间。这样的处理手法使原本相互闭塞的单元形成小型社区般的邻里感受。嵌入式的空间单元以不同的尺度促进学生之间的交流。

嵌入式集中

嵌入形体中的城市客厅

项目名称：赫尔辛基图书馆
建筑设计：PRAUD 建筑设计事务所
图片来源：www.archdaily.com

赫尔辛基中央图书馆竞赛中，PRAUD 建筑设计事务所的提案中也采用了嵌入式的集中手法，图书馆作为城市中重要的公共空间可以成为一个城市的起居室。建筑整体是一个南北向的体块，将建筑中心植入中庭空间，其他的功能环绕在其周围。两个巨大的桁架结构为这个空间提供了必要的支持。一些封闭的功能空间，如电影院、媒体室、儿童游乐场所等都被嵌入到这个桁架结构中，而剩余的空间被充分利用起来与中庭相互渗透，充满了趣味性和不确定性。

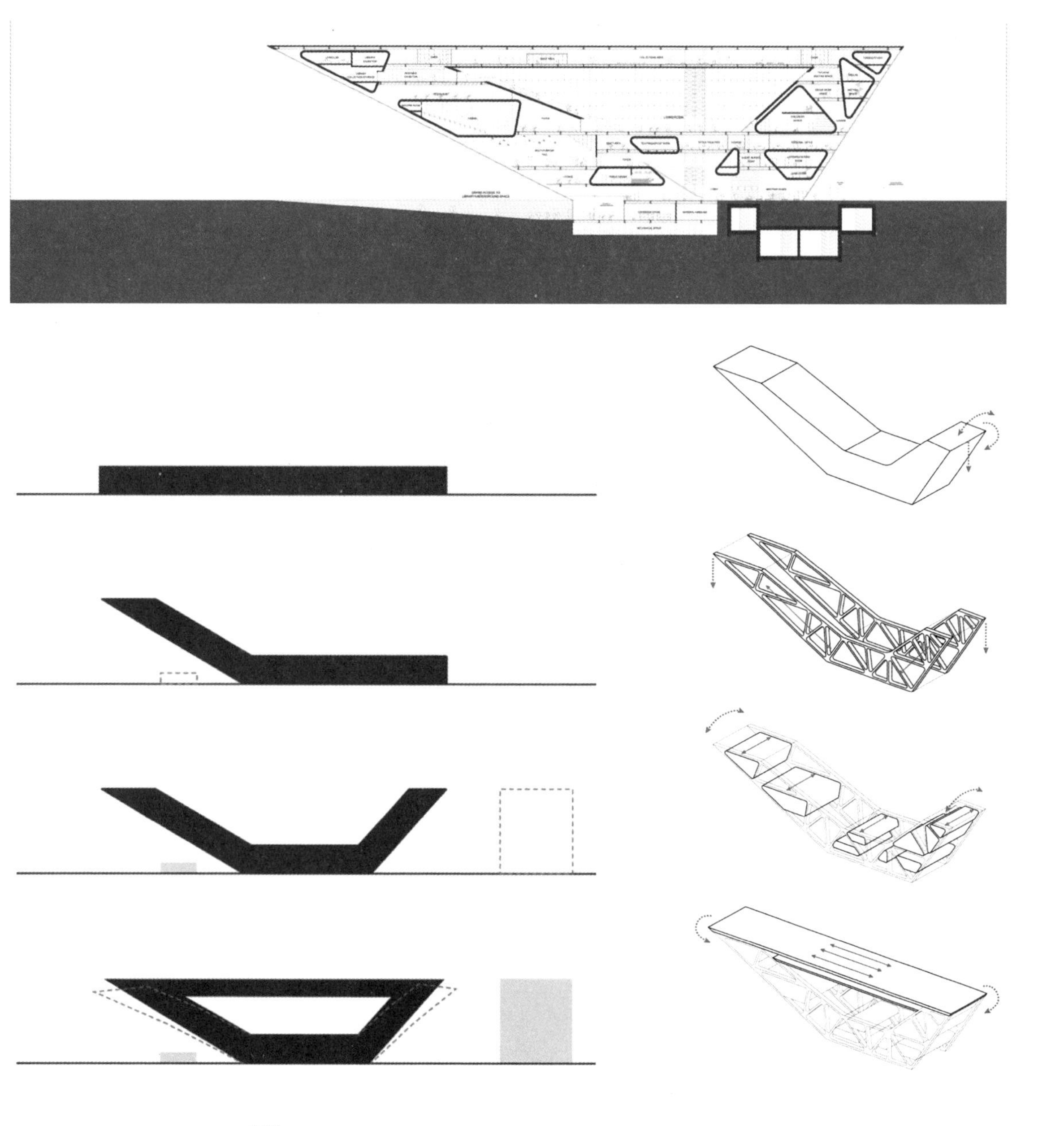

包裹式集中

在当代的城市中，建筑的内部与外部在理论上可以进行适当的分离，这种独立性可以免去各个功能之间的干扰而极力去表现各自的特征。这种表皮与功能分离模式的建筑有以下特征：

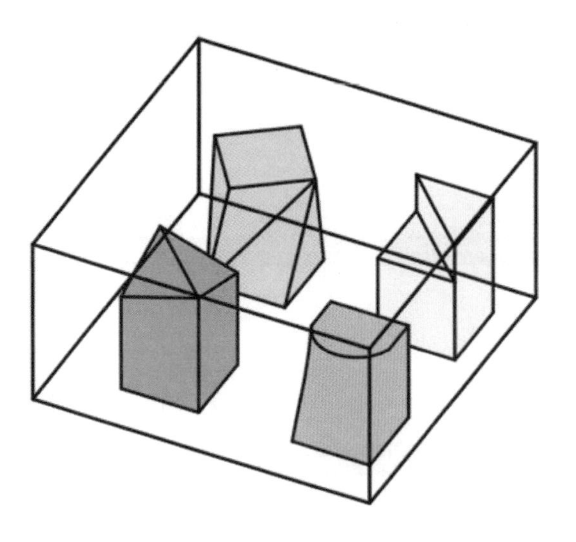

效率空间同时服务于所有功能要素，且功能要素在脱离表皮的情况下，可以具有独立的形态与结构

包裹式集中

工作中的巴别尔塔

项目名称：立吉布海运站
建筑设计：OMA 建筑设计事务所
图片来源：《瑞姆 · 库哈斯的作品与思想》

库哈斯将此建筑描述为“工作中的巴别尔塔”十分恰当。一个独立的表皮与其内部包含的大量复杂的功能，这种元素的多样性产生了高密度的人流活动。建筑物的地下三层是海运站的入口部分，利用一个连续的螺旋形交通空间组织复杂的车流。沿着坡道上升可以达到一个巨大的停车空间以满足众多坐船出游旅客的需求。在临海的一侧，旅馆与会议中心这两个独立的部分被一个巨大的空隙分开，顶部是一个近似圆形的露天广场，采用阶梯式的方式。在这个露天广场上可以举行小型的派对活动，或者独自观赏英格兰的风景。

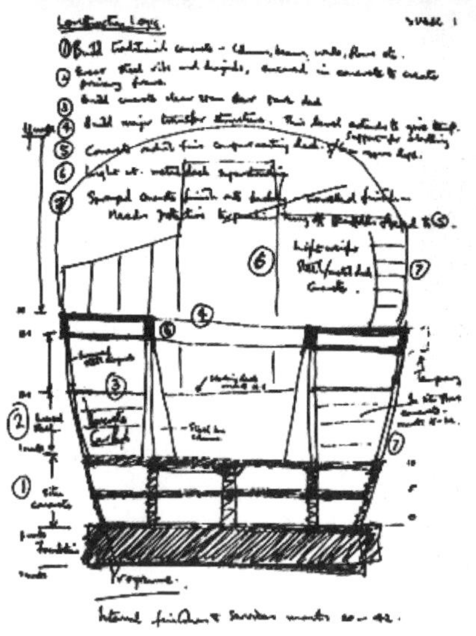

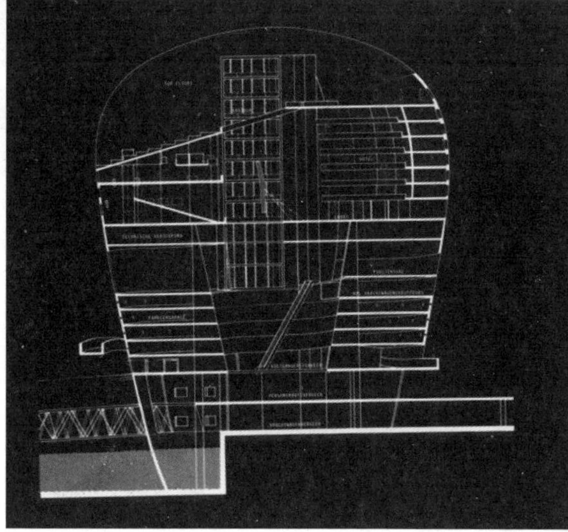

包裹式集中

大穹顶下可以自由组合的灵活单元

项目名称：Google 新总部
建筑设计：BIG 建筑设计事务所
图片来源：www.big.dk

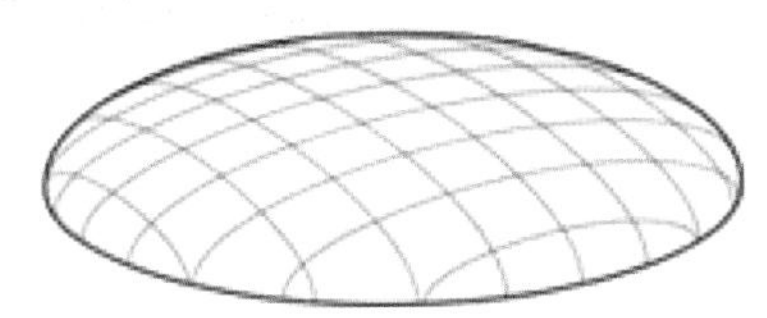

BIG 设计的 Google 新总部中包含一个具有超大型透明玻璃、未来感十足的流线顶棚覆盖的园区，顶棚的使用让空间从传统的建筑元素（如墙壁、窗户与天花板）中解放出来。顶棚除了可以使建筑更好地利用自然光，还能调节室内气温、降低空气污染与噪声污染。室内建筑群内除了设有跑道、自行车道、停车场、咖啡馆、餐厅和商店等，建筑师还规划了 $120000m^2$ 绿地，使其拥有植物、动物和各种自然景观，仿佛一座生态公园，希望其能彻底消除城市建筑和自然环境之间的界限。

为了适应现代社会的快速变化，总部将被打造成一座“随插即用”的建筑，依靠一些可轻松移动的轻质区块式建筑结构，一个团队的办公室可以装载至车辆随后转移至总部的另一位置，具体移动位置取决于这一团队将与哪些其他团队开展合作，整个空间变得像一套巨大的家具组件，可以自由组合。

包裹式集中

网格开放系统校园街区

项目名称：法国萨克雷中央理工学院
建筑设计： OMA 建筑设计事务所
图片来源：www.oma.eu

OMA 设计的法国萨克雷中央理工学院，将整个街区包裹了起来，形成了一个“Lab City”。这个学院的设计摆脱了走廊加房间的模式，而是设计了一个由玻璃屋顶覆盖的巨大街区。这个街区是一个整体开放性的系统，人们可以在其中自由活动，这为学生提供了更多积极的交流学习空间。相对外部的活动空间，内部的研究室保持了安静稳定的氛围。在这个规则的网格设计中引入了一条倾斜的内部街道，不管是内部的学生还是路人都可以感受到大学的氛围渗透到了城市之中，同时库哈斯将这条内街与原有的校址和地铁也联系了起来。

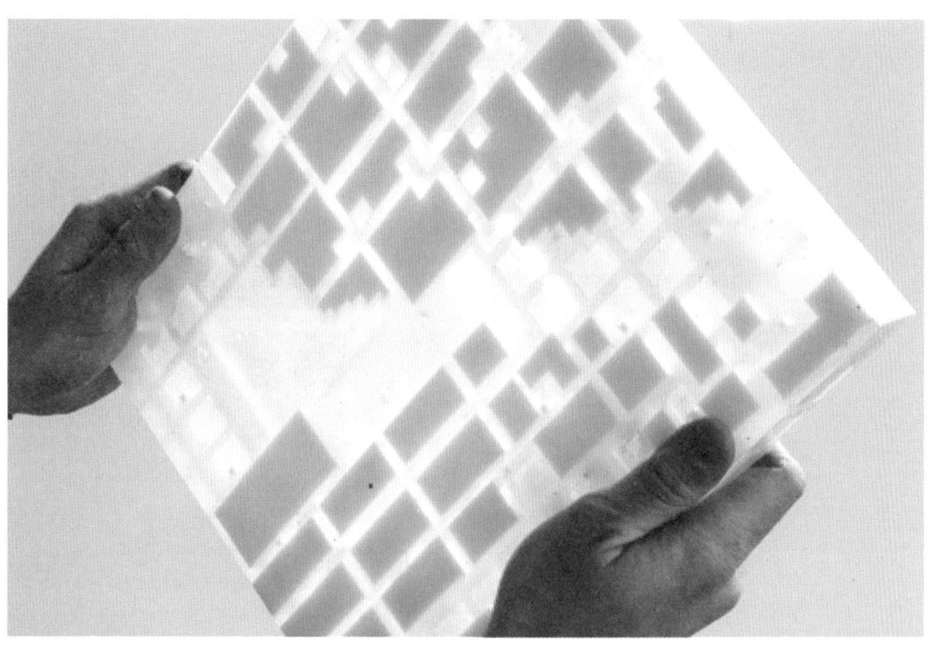

包裹式集中

树林般的柔和边界

项目名称：Aufbau Bank 总部
建筑设计：ACME 建筑设计事务所
图片来源：www.acme.ac

在德国莱比锡 Aufbau Bank 的新总部设计中，ACME 建筑设计事务所采用了包裹式集中的设计手法，将容纳 600 名员工的办公室、会议中心、食堂和停车场隐蔽在了一个树林一样茂密的柱群里。这个柱群成为建筑室内与室外一层柔和的过渡边界。柱顶承载的屋顶以圆形为母题进行虚实变化，就像树林中层叠的树叶。在这个“树林”中，功能实体与开敞的活动空间形成对比，营造出复杂多变的空间。

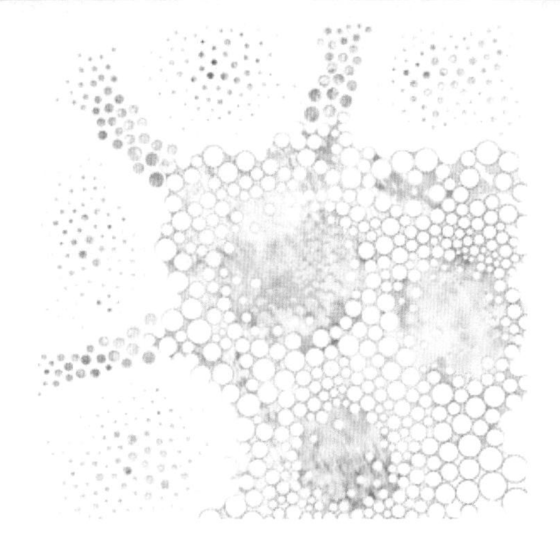

包裹式集中

大屋顶下的博物馆村落

项目名称：国家海洋博物馆

建筑设计：HAO + AI 建筑设计事务所

图片来源：www.holmarchitectureoffice.com

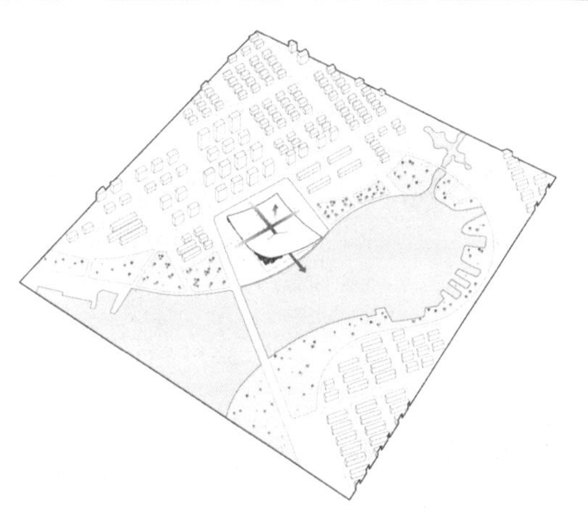

HAO + AI 建筑设计事务所合作设计的国家海洋博物馆方案，利用了包裹式集中的设计手法。一个巨大的“飞毯”似的屋顶下涵盖了博物馆的各个功能。同时建筑充分利用基地临水的地理特点，将屋顶延伸到水上，然后将水引入到博物馆内部，创造了一个具有场景感的半室外展览场地。在这个开放的自然景色中，人们可以体验大海的沧桑，观赏一天的日出日落。展品在这个真实的环境中更会给人们极具真实的体验。这种包裹式的复合将建筑与自然景观统一到一个整体空间中，模糊了建筑与自然的界限。

包裹式集中

功能重组与错动空间

项目名称：西雅图图书馆
建筑设计： OMA 建筑设计事务所
图片来源：www.oma.eu

在西雅图图书馆的案例中，OMA 将效率空间与功能要素之间的相互关系进行彻底的变革与创新，库哈斯将当代图书馆中的多种功能与公众活动进行重组和整合，将功能整合为 9 个功能区并进行“5+4”的组合。其中 5 个作为功能实体，然后在它们之间形成 4 个虚体的空间。这样的处理使私密部分之间自然形成了较为开放的公共空间，这 4 个公共空间从下至上依次是儿童阅览区、公共大厅、混合交互区、阅览区。然后将体块进行错动排布迎合城市景观和遮阳避雨的需求。最后用一个连续的表皮将复杂的体块包裹其中。

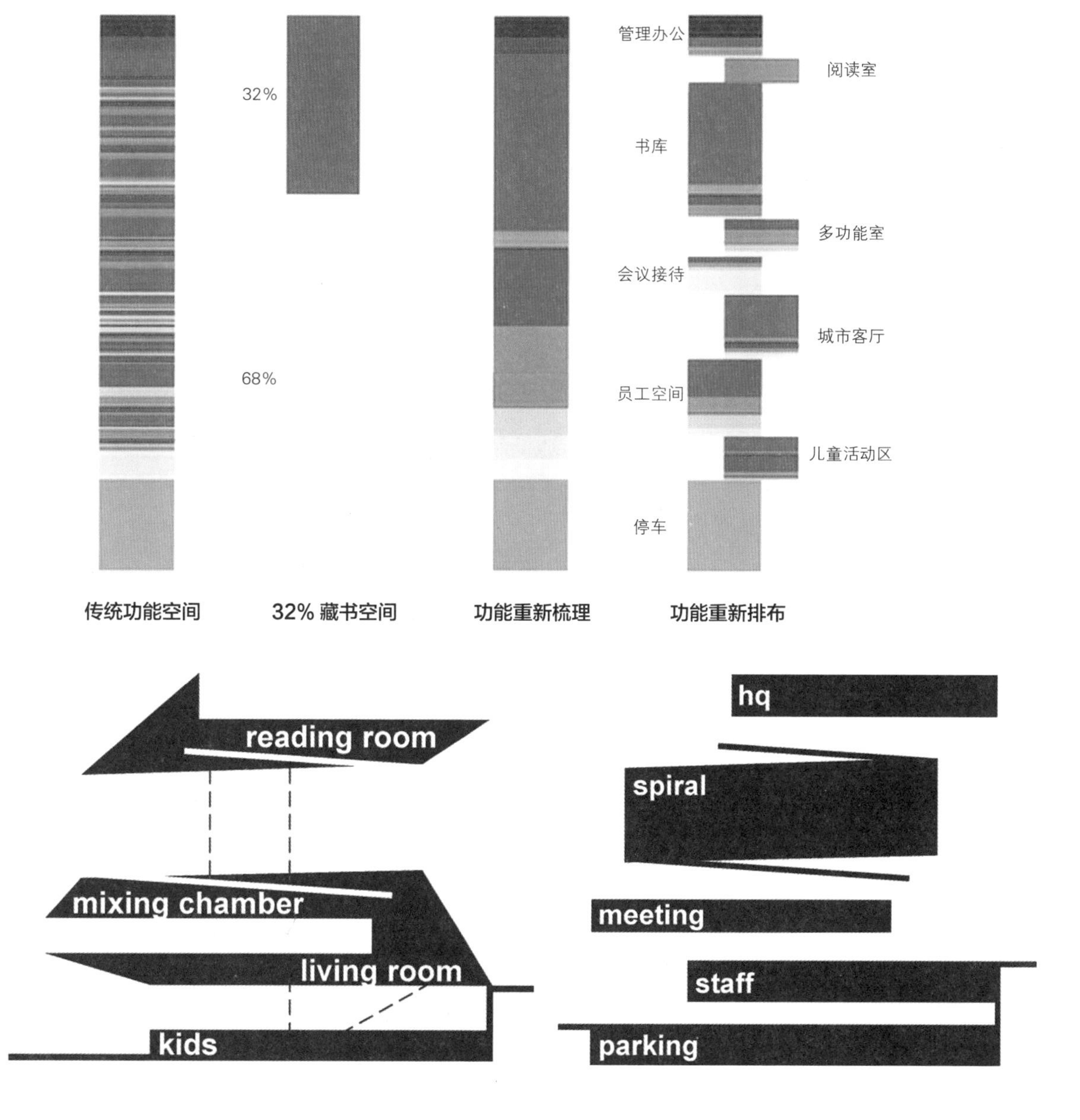
32%
68%
管理办公
阅读室
书库
多功能室
会议接待
城市客厅
员工空间
儿童活动区
停车
传统功能空间
32% 藏书空间
功能重新梳理
功能重新排布
reading room
mixing chamber
living room
kids
hq
spiral
meeting
staff
parking

包裹式集中

图书馆中的公园空间

项目名称：赫尔辛基中央图书馆竞赛方案

建筑设计：Radionica Arhitekture

图片来源：www.gooood.hk

建筑采用了结构顺序打造流畅的平台和私密空间。整座建筑垂直分区，根据位置分布的需要，功能单元区遍布于“空中花园”、开放平台或封闭的“客厅”之中。花园通过横向桥梁、步梯、自动扶梯和电梯连接。建筑师认为图书馆设在公园的同时，将公园放入图书馆同样重要。

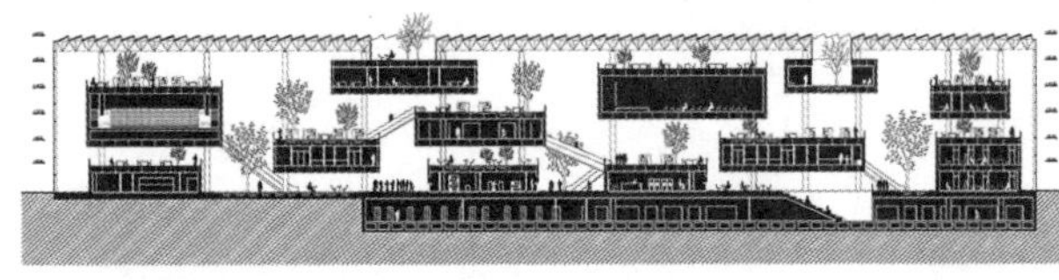

包裹式集中

绿坡下的大型综合体

项目名称：法国欧洲城
建筑设计：BIG 建筑设计事务所
图片来源：www.big.dk

这个综合体设计中集合了零售、文化、休闲等多样性的功能，具有遮阳规模的城市体验在欧洲是前无古人，别开生面的。区域内有快轨作为内部的主要交通方式。BIG 将密度城市和开放景观结合在一起，探索城市和景观互相渗透的可能性。

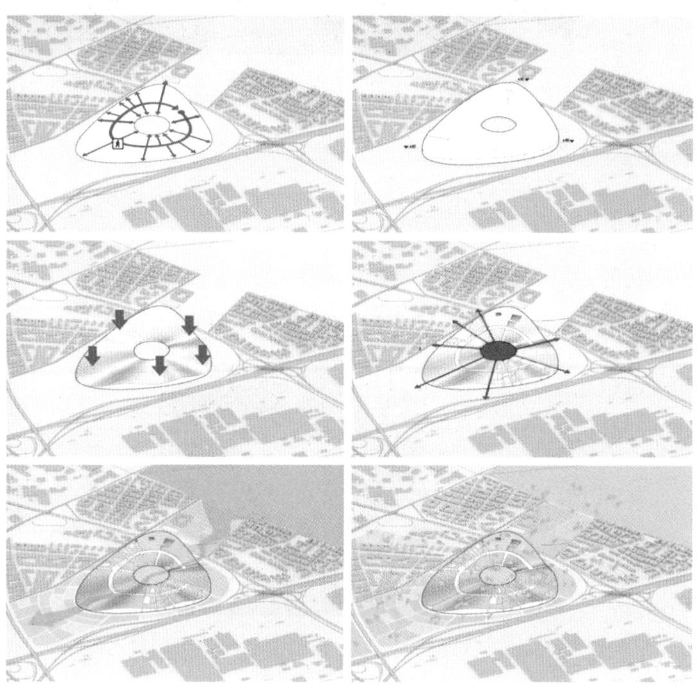

包裹式集中

城市漫游性展览空间

项目名称：中国国家美术馆新馆
建筑设计： OMA 建筑设计事务所
图片来源：www.oma.eu

库哈斯设计的中国国家美术馆新馆竞标作品将广场式复合又推进了一步。面对与日俱增的展馆面积，更大的展品数量与更多的展品类型，现在的美术馆不再仅作为一个单纯的建筑来看待，库哈斯希望美术馆成为一个浓缩的城市。在这个城市中，他将多个美术展馆布置到首层的水平体块中。而在这个水平体块的中央升起一个被喻为“灯笼”的主体建筑。在水平体块中同时融合了零售、教学、拍卖等公共服务功能。在这个小城市中，艺术与市民的日常生活充分交融。底层的空间并不是具有明确划分的空间，展览空间之间的界面也很模糊，空间之间彼此相连，仿佛为一个城市中典型的中心广场与周边道路之间的关系。

艺术教育

文化商业

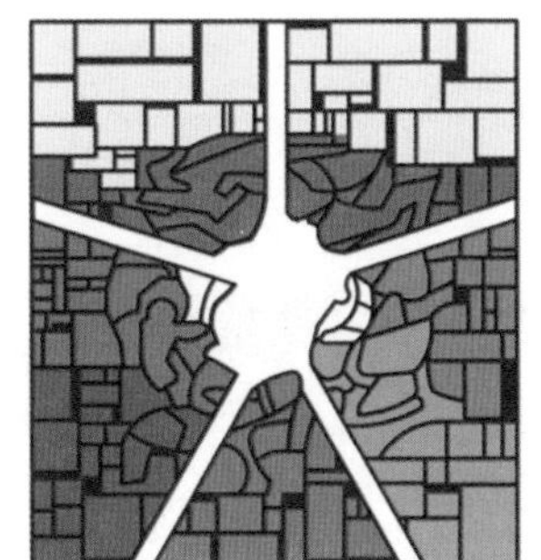

现代美术陈列

近代美术陈列

国际美术精品

民间艺术专场

中国书法展厅

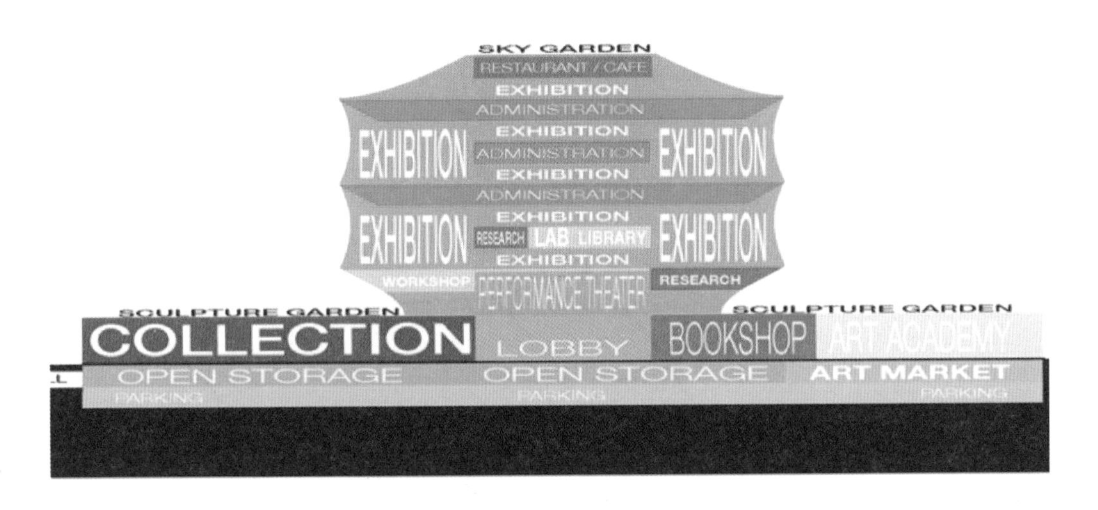
SKY GARDEN
RESTAURANT / CAFE
EXHIBITION
ADMINISTRATION
EXHIBITION
EXHIBITION
ADMINISTRATION
EXHIBITION
EXHIBITION
ADMINISTRATION
EXHIBITION
EXHIBITION
RESEARCH
LAB
LIBRARY
EXHIBITION
EXHIBITION
EXHIBITION
WORKSHOP
PERFORMANCE THEATER
RESEARCH
SCULPTURE GARDEN
SCULPTURE GARDEN
COLLECTION
LOBBY
BOOKSHOP
ART ACADEMY
OPEN STORAGE
OPEN STORAGE
ART MARKET
PARKING
PARKING
PARKING

中国美术馆

螺旋式集中

螺旋式集中在有限的场地中体现街道空间特质，是街道式集中在三维立体空间中的体现。

螺旋式集中

螺旋式集中

盘旋上升街道

项目名称：柏林媒体艺术中心
建筑设计：BIG 建筑设计事务所
图片来源：www.big.dk

建筑结合了城市街道的亲切与办公塔楼的效率以及城市街道的邻里关系创造出前所未有的新类型学建筑。在这个螺旋形的三维街区中，办公人员可以在建筑中与城市的各项活动发生紧密联系，在一层层逐步升高的楼梯和平台上，可以承载如烧烤、运动、聚会等多种交流活动。这个连续的平台组织把平时闭塞的办公空间变为如街头巷尾的街坊邻居一样有生活情调的趣味空间。

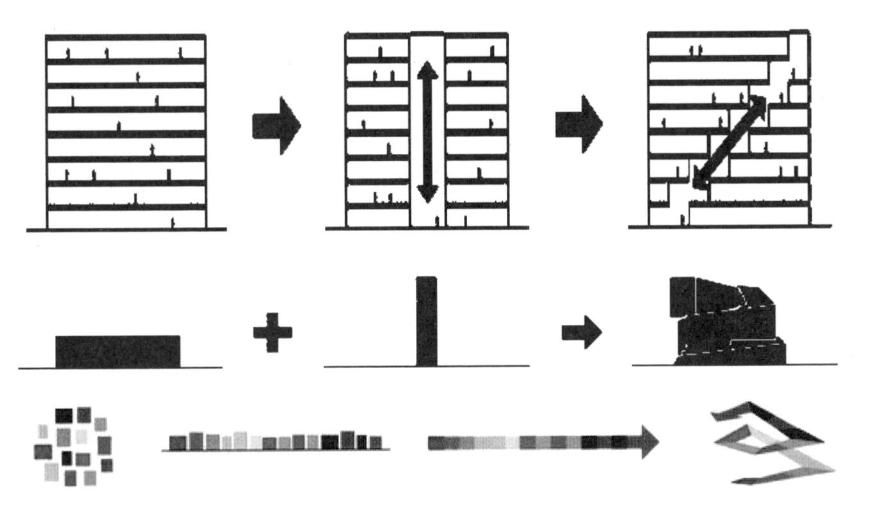

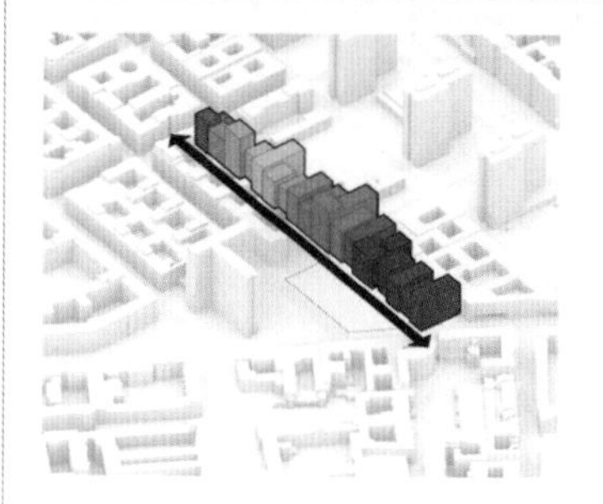

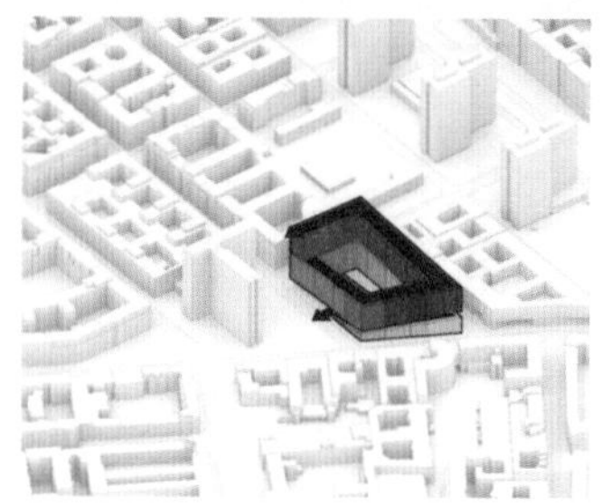

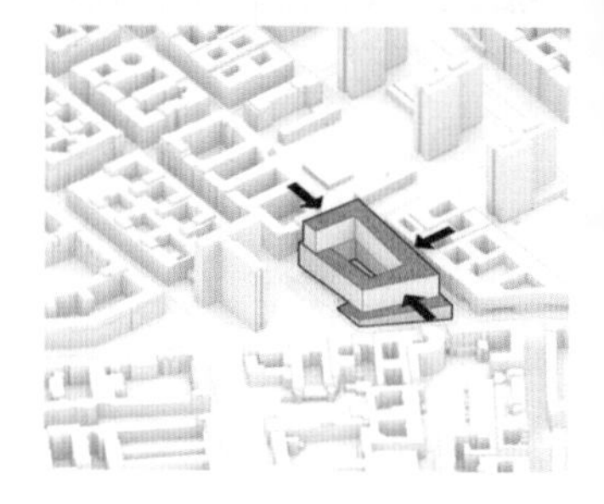

螺旋式集中

连续折板

项目名称：巴黎图苏大学图书馆

建筑设计： OMA 建筑设计事务所

图片来源：www.oma.eu

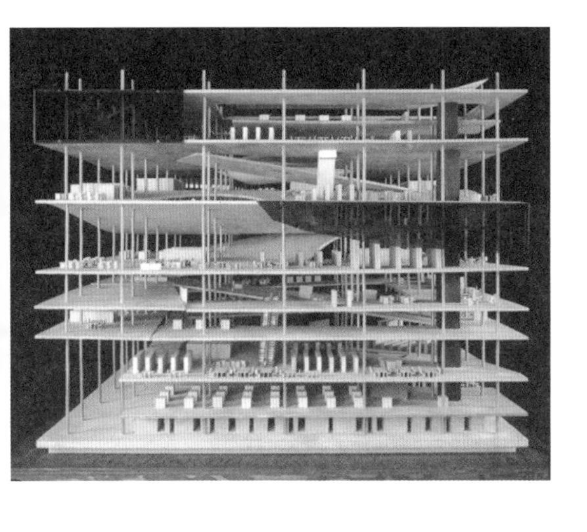

为了校园中学生之间有更多的机会交流，库哈斯设计了一个连续的坡道连接各层空间。漫步在这个折叠楼板形成的建筑中，竖向的维度被连续的坡道统一起来。传统图书馆中根据不同楼层去安排功能，在一个限定好的空间内借阅书籍和休息，这样就从根本上很难使不同学科的人彼此交流。在图苏大学图书馆中，这种被限定的空间成为了首先要被消灭的目标，新的连续性带来了人们自觉的运动与交流。这个四通八达的三维网络，远远超出了一般静态、单调、稳定建筑的意义。

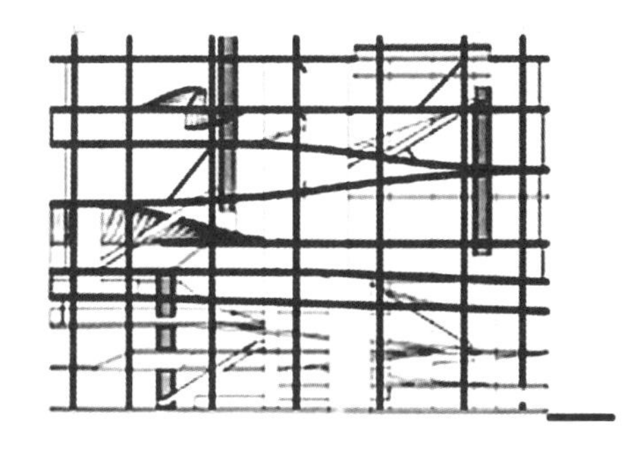

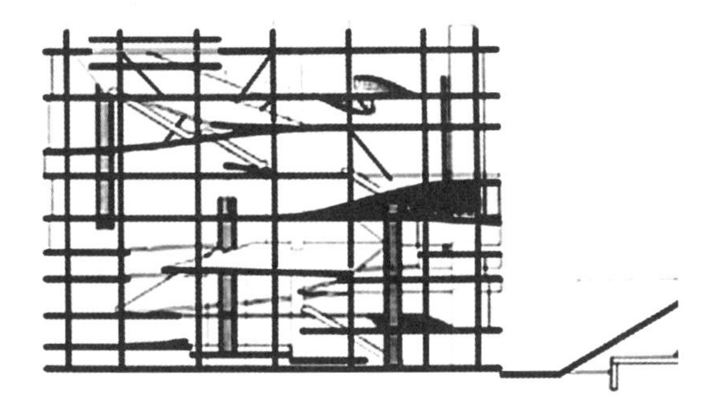

螺旋式集中

阶梯式室外空间

项目名称：德黑兰股票交易所
建筑设计：Atelier Seraji 建筑设计事务所
图片来源：www.seraji.net

方案中以开放的姿态来表现当代交易所公开透明的特性。逐层递进的螺旋式空间围绕在这个金融办公建筑的外侧，提供了一个轻松、舒适的办公环境来进行每天的交易活动。

方案中的走廊空间不再是限制于建筑内部的封闭空间，而是利用交通与功能空间的错动，以螺旋式的复合空间对建筑整体进行划分。走廊外侧的空间自由而开放，而走廊内侧则为安静私密的办公空间。

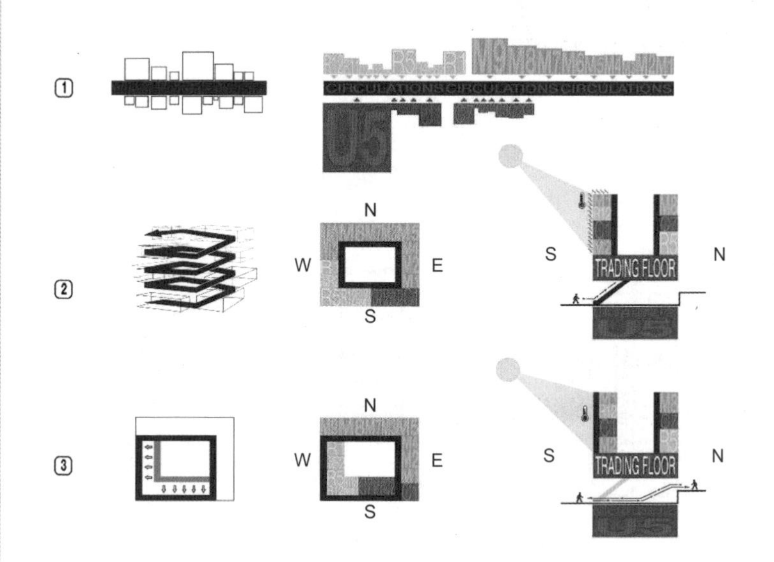

螺旋式集中

螺旋腔体街道

项目名称：TEK 大厦
建筑设计：BIG 建筑设计事务所
图片来源：www.big.dk

TEK 大厦充分地利用基地周边的环境，努力打造一个集科技、娱乐、信息和知识于一体的多功能中心。方案中的螺旋街道延续了城市街道一直通向屋顶的花园平台。上升的螺旋街道像螺丝一样把商店、办公、会议、展览中心等功能空间串接在一起。功能的布局也根据每个空间不同的需求而有所不同：将宾馆、客房、办公等空间布置到建筑的外侧，让其得到较好的自然采光，而其他一些如零售、展厅等不需要自然采光的空间则被布置到建筑的中心，达到空间分配的合理性。

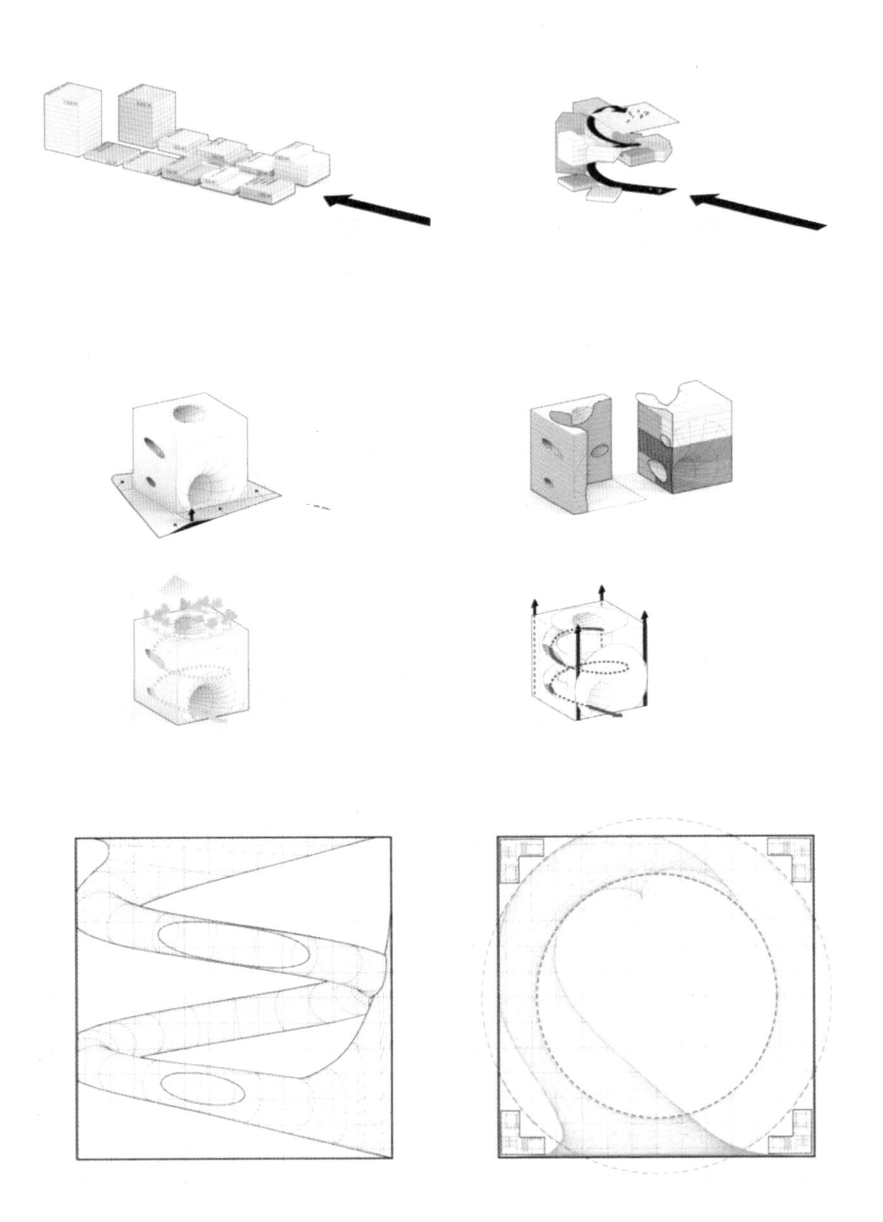

立体嵌入式集中

立体嵌入集中是在二维嵌入集中的基础上增加一个维度的体现。传统建筑中，功能的布置受限于建筑技术的不发达，基本按照水平划分或者高度划分，而立体嵌入从根本上打破了传统建筑的布局方式。这种组合方式完全按照建筑本质的逻辑，将功能要素与效率空间以更加多变、复杂的形式进行融合。

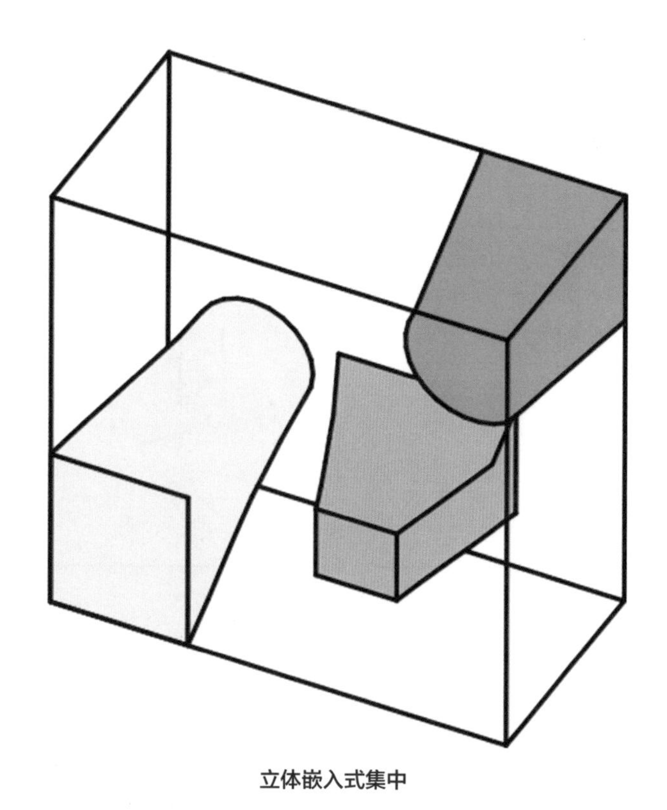

立体嵌入式集中

立体嵌入式集中

互动峡谷

项目名称：柏林媒体艺术中心
建筑设计： OMA 建筑设计事务所
图片来源：www.oma.eu

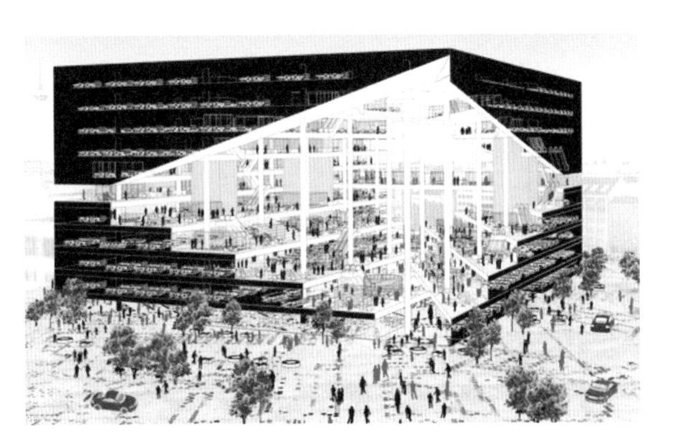

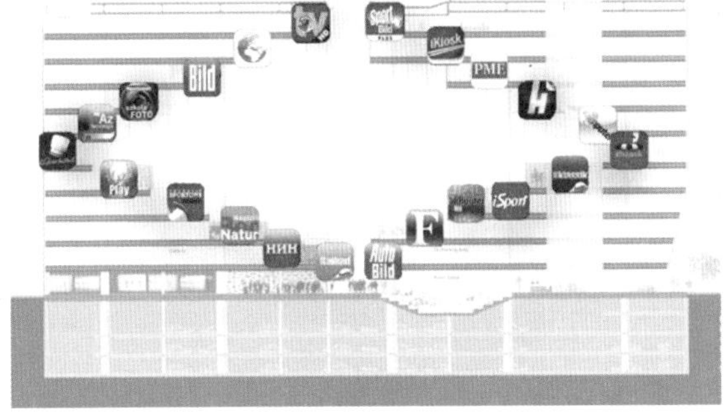

在这个建筑的中心有一个巨大的“峡谷”空间，这个空间中包含了互动交流平台和公共的合作工作平台。库哈斯认为大量利用电脑的工作使工作人员始终处于相互隔离的状态，其经过研究认为只有 75% 的工作需要人们坐在自己的座位上完成，而 25% 的工作可以通过彼此的交流和互动完成。所以这个“山谷”空间就是将人们 25% 的非正式工作部分提取出来，形成一个具有活力与创造力的空间。这个开放的空间展示着使用者的工作状态，层叠的平台也形成了彼此之间的对景关系。

常规办公与灵活办公

立体嵌入式集中

建筑中的裂缝空间

项目名称：西蒙 · 玻利瓦尔音乐综合体竞赛
建筑设计： adjkm 建筑设计事务所
图片来源：www.adjkm.com

该项目为音乐家提供了一个良好的音乐训练场所，建筑在其中心形成了一个多层次的“裂缝”与周边的城市环境形成关联。建筑师希望文化建筑可以影响到市民的生活，将生活与音乐联系起来。这种设计像是一个扩音器，将音乐文化扩散到城市的每个角落。

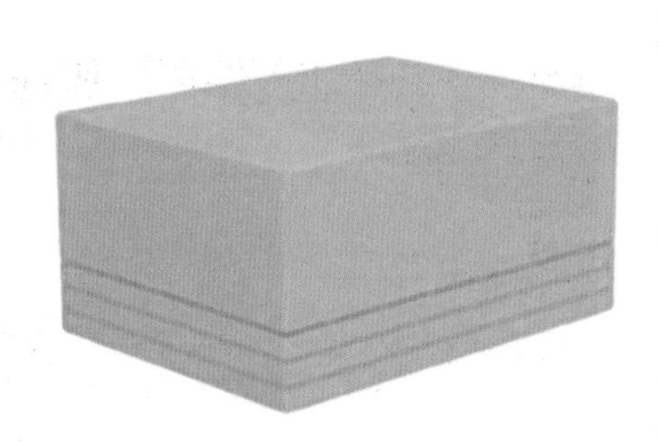

这个水平方向的“裂缝”的上下两个部分分别为音乐厅和音乐学院。下半部分的空间需求是私密且安静的排演空间，而上半部分包括了多人演奏、合唱、排练的空间，由于不同的乐队及表演形式对舞台的要求也千差万别，所以表演空间具备了较大的灵活性。上半部分同时也配备了食堂、咖啡厅、管理办公等公共配套设施。

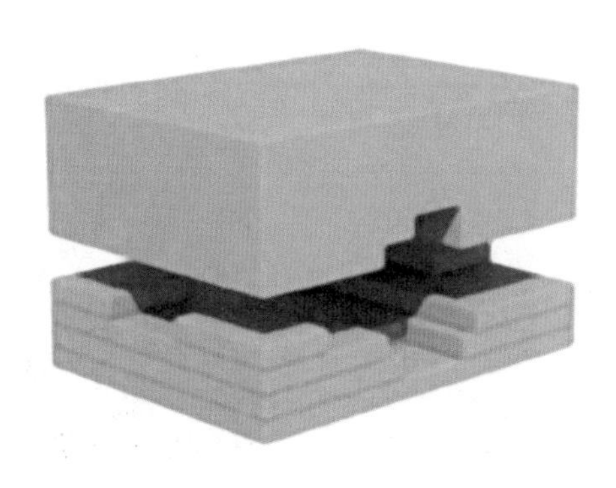

立体嵌入式集中

三维镂空广场

项目名称：台北表演艺术中心
建筑设计：NL 建筑设计事务所
图片来源：www.nlarchitects.nl

建筑师希望将各种艺术形式与普通大众的生活联系起来，为此采用了两个主要的策略，首先是在建筑下方挖出一个巨大的公共城市广场，然后将观光梯设置到建筑立面上。这样的设计带来了一种戏剧性的效果，城市广场在建筑之中而建筑又融入到了城市之中。

建筑如同一个四条腿的桌子，形成一个长方体空间。四条“腿”围合成建筑中虚的广场部分，而“桌面”包含了三个楼层，作为主要的表演空间。建筑的空洞中包含了画廊、大厅、酒吧、音乐舞台等各种休闲互动场所。城市中各式各样的活动被立体地呈现在这个巨大的空洞中，表演艺术不再是少数中产阶级的娱乐场所，而是每个市民都可以找到自我需求的活动场所，在建筑内从而产生更加丰富且多样性的活动。

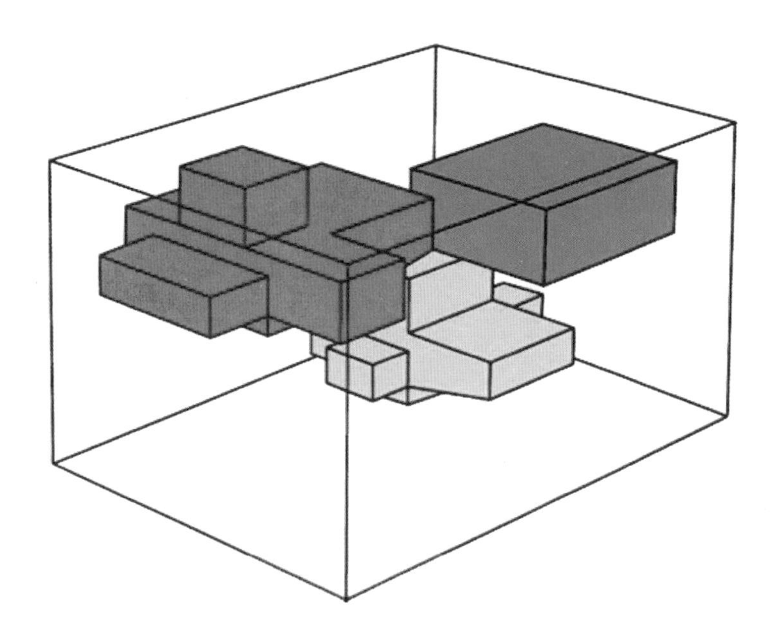

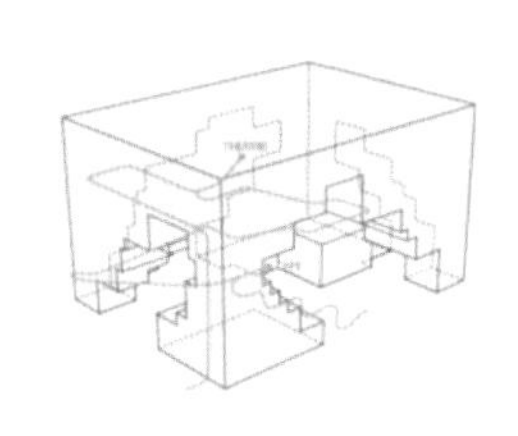

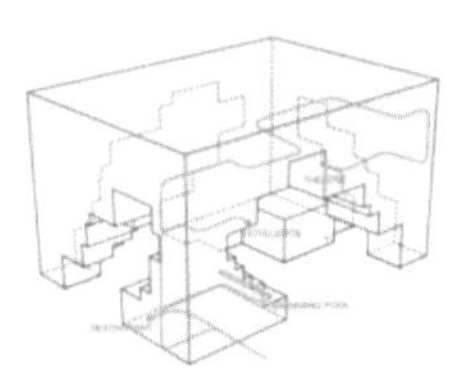

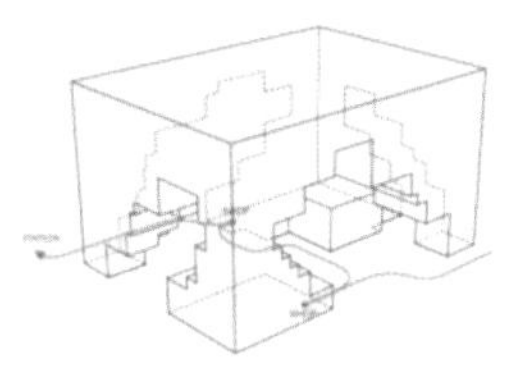

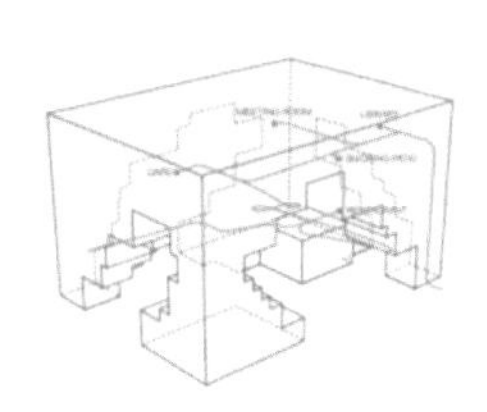

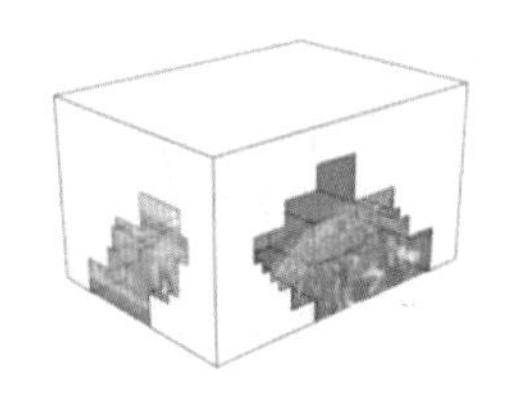

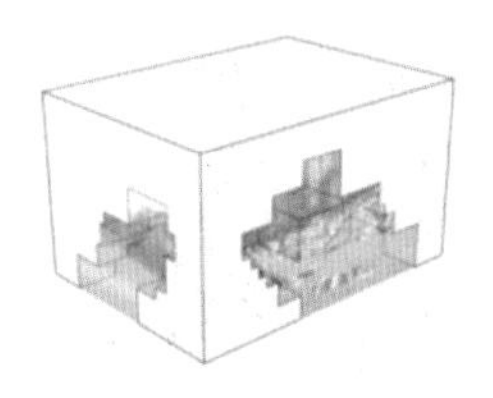

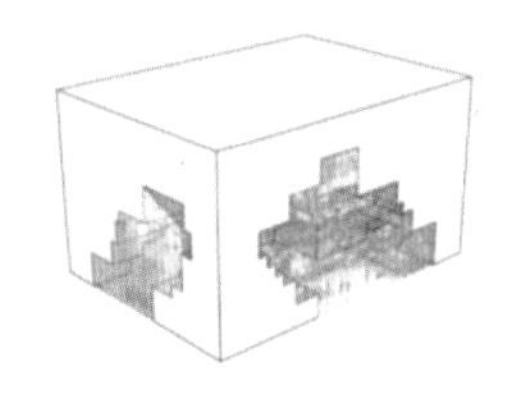

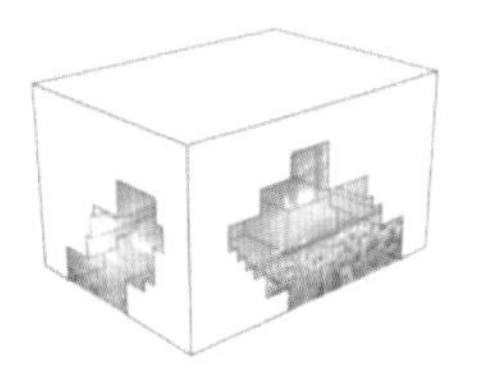

立体嵌入式集中

太湖石空间

项目名称：台中文化中心
建筑设计：SERIES AND SERIES
图片来源：www.bustler.net

台中文化中心方案从中国传统的太湖石中得到灵感，将建筑的虚实变化处理成犹如镂空的石头。建筑内部的环境像大自然的鬼斧神工，营造了强大的吸引力。在这个与城市景观相融合的空间中，建筑师把台湾具有不同地域特性的自然景观融入到这个壮观的空间中。具有岩石质感的表皮结构以及与室外相同的洞口都标志着这个别有洞天的空间，营造出一种自然的空间体验，而且这个空间具有多个入口，同时不限时间地向市民开放。

立体嵌入式集中

嵌套剧场

项目名称：台北表演艺术中心
建筑设计：OMA 建筑设计事务所
图片来源：www.oma.eu

OMA 在台北设计的表演艺术中心同样运用不常规的手法将建筑与城市连接起来。近年来，世界各地的表演艺术中心都采用一种基本雷同的布局方式：一个大型演艺厅、一个中型剧场以及一个小型实验剧场。OMA 创造性地将三个剧场嵌入到一个中央的方形体块中，每个剧场可以独立运作同时也可以利用同一套舞台设施打造不一样的舞美效果。后台的设备也可以根据演出条件进行相互借调或者合并使用，这样大大提高了舞美设备的使用率。

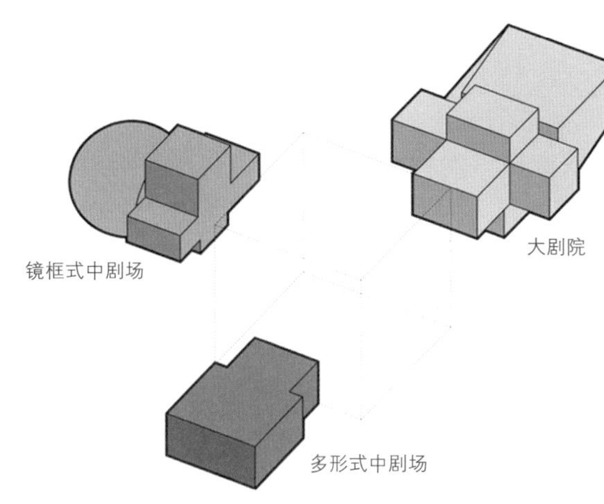
镜框式中剧场
大剧院
多形式中剧场

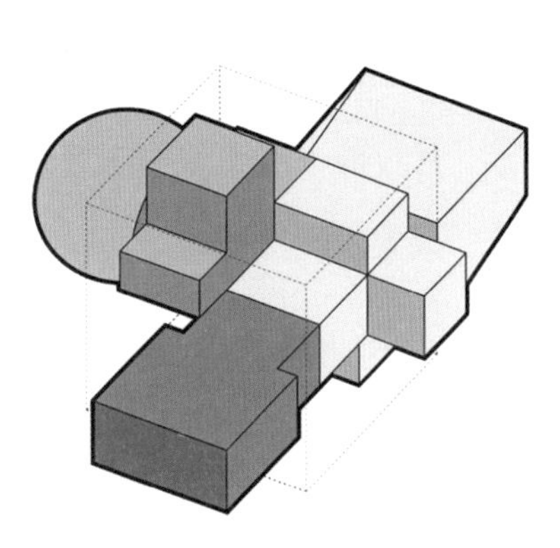

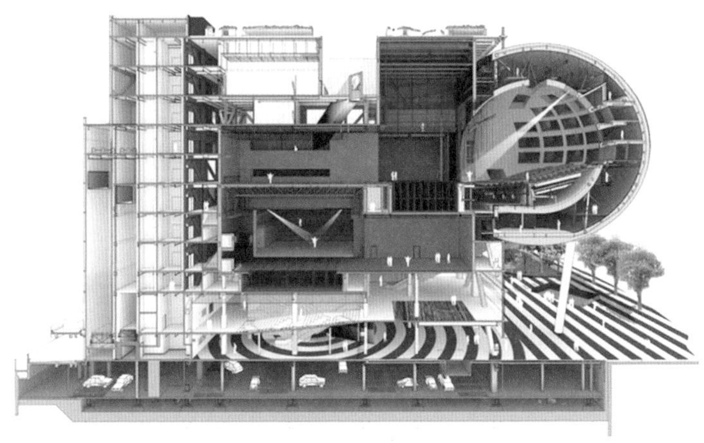

立体嵌入式集中

三维洞穴空间

项目名称：赫尔辛基中央图书馆
建筑设计：Plan 01
图片来源：www.archdaily.com

在这个方案中，建筑师不仅是在创造类似“洞穴”一样的物理空间，而且是在开放的中层空间中进行空间材质的对比。“洞穴”空间采用温暖的木材，而其他建筑部分采用冷色调的材料，来象征“石头”。中部开放空间没有主要的出入口，而是用几个均等的出入点与其他部分相连，开放的空间就像广场一样供人们穿行与休憩。图书馆不再是一个来借书还书的地方，而是成为人们平时生活的场所，真正地将文化气息渗入城市。

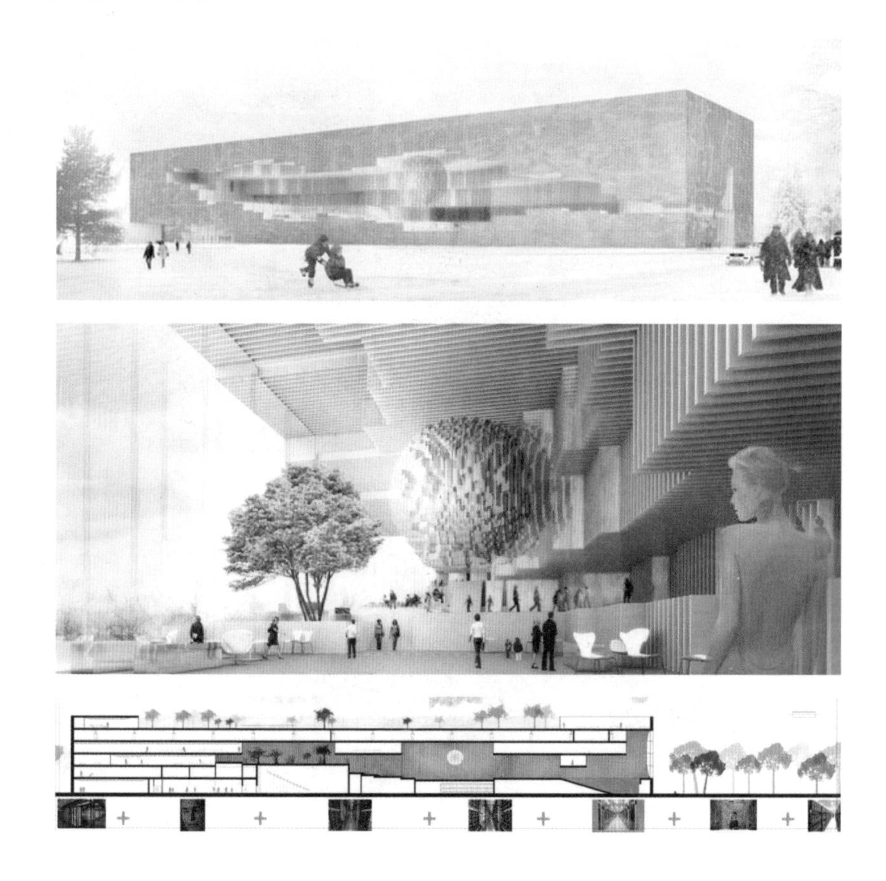

立体嵌入式集中

建筑中的裂缝空间

项目名称：柏林 Volt Berlin 体验中心
建筑设计： J. Mayer H
图片来源：www.archdaily.com

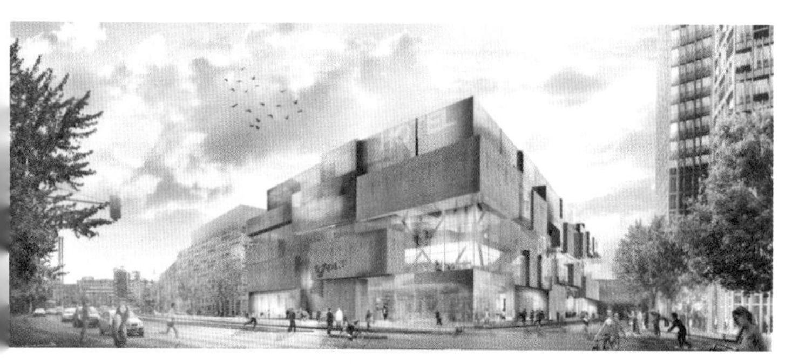

立面图 1

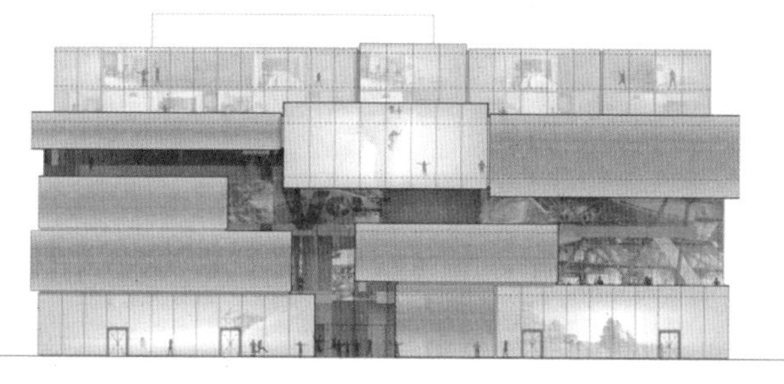

立面图 2

建筑师将建筑的中间层打开，将这一部分作为最为吸引人而贯穿整个建筑的玻璃层，就像有张力的裂缝一样。

这个开放中间层的存在有两个重要的意义：首先，这层处在和附近火车站高架桥同一个标高上，不仅具有良好的可达性可以吸引人流，而且连通了城市空间，使城市交通流线得到了更好的整合；其次，位于中间层可以带来更灵活的视野，不仅空间可以向上延续还可以向下拓展。

立体嵌入式集中

公寓中嵌入教学空间

项目名称：爱默生学院洛杉矶中心
建筑设计：Morphosis
图片来源：www.ideamsg.com

建筑师将多样化的校园空间浓缩到一个城市场地中，集学生公寓、教学设施和行政办公室于一体。十层楼高的结构由两个纤细的居住大楼组成，多功能露台充当连桥，将两者连接起来。结构围合出一个开放的中央体量，创造出灵活的露天“房间”。雕塑式的结构内容纳着教室和行政办公室，在虚体空间内迂回前进，定义了跨越多个层次的露台和活跃的空隙空间，此空间可用于举办非正式的社交活动和创意交流会。通往学生套房和公共房间的户外走廊向外延展至露台，横跨大楼整个高度的波浪起伏的金属织纹幕布为其提供遮蔽。

02

效率空间的基本类型及空间诉求

扬·盖尔在其著作《交往空间》中着重于哥本哈根日常生活中人们在城市室外空间活动的调研。他并没有将研究重点放在节日庆典、商业市场、大型聚会等特殊的聚集场所，他认为真正的交往应该发生于人们的日常生活中。根据这些细致入微的调查，扬·盖尔总结了城市室外活动空间质量的评价标准：自发性活动的质量以及社会性活动持续的时间和频率。扬·盖尔同时也将大量无规律的社会活动总结简化为三个可以判别的类型：社会性活动、必要性活动、自主性活动。除了生活中一些不得不发生的必要性活动，其他活动的发生都与户外空间的质量有关系，良好的室外空间可以提高发生交流的可能性。

而这些活动场所中蕴含的领域感在人们交往的空间中不仅仅意味着空间的围合，它也承载了不同的人群以及他们多种多样的活动。扬·盖尔对于这种领域感总结为私密—半公共—公共，这种划分的方式可以通过私人的庭院到社区的公共空间再到整个社区的公共广场进行描述。

领域感的过渡与分离在城市这个大的层次上可以被清楚地察觉,而在我们集中式的建筑中,是否也有这样的空间划分?

库哈斯在 Koningin Julianaplein 项目中为效率空间找到一个划分领域感的方法，建筑师对城市中多功能复合建筑公共设施进行了分类。这些公共设施因为所处的场所不同具有了不同的使用性质。在这个项目中，居住和办公作为私密的场所，而车站、商店等作为开放的公共空间。从右图中可以看到完全的开放空间位于建筑的底层与城市相接（酒吧、商店、车站、大堂等）。而社区性的公共空间位于建筑的顶部（会议、花园、体育设施、餐厅等），这些公共配套设施在高层中占有一半的比例。大比例的社区性公共空间由上至下逐渐与城市公共设施连接起来，库哈斯希望所有的公共设施都能被充分地利用，这就带来了公共空间与半公共空间的融合。

扬·盖尔对于人群活动的经典论述以及库哈斯对于城市化建筑的公共空间私密性的重新定义在当今时代赋予了多功能复合空间新的综合特性，我们可以将效率空间从这两个方面进行划分和归纳。

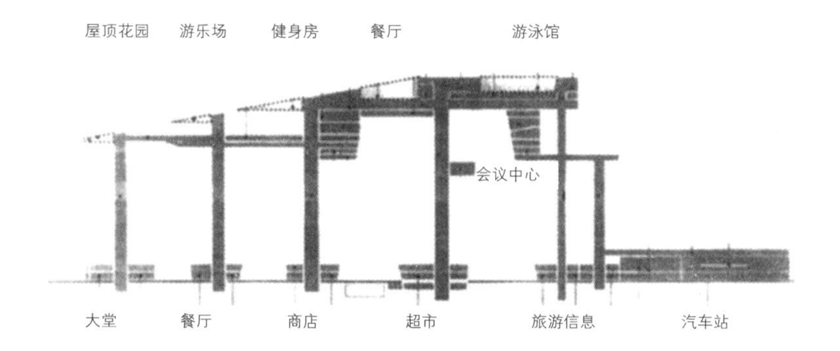

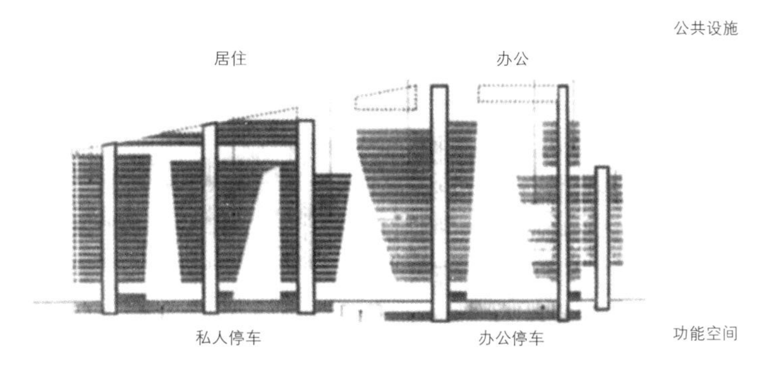

Koningin Julianaplein 中的领域感区分

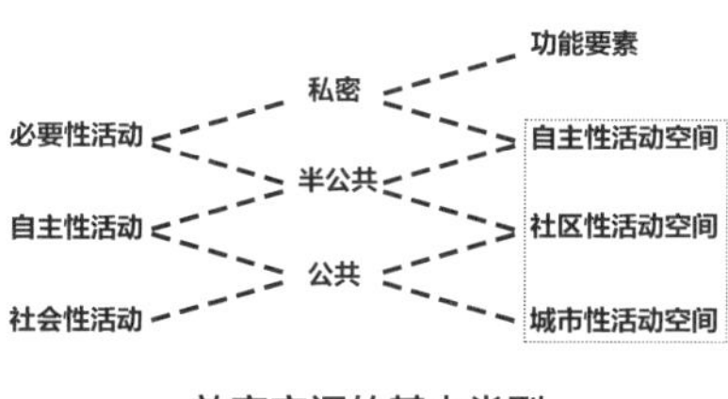

效率空间的基本类型

景观性诉求

在扬·盖尔的描述中，自主性活动不同于人们没有选择余地的必然性活动，自主性活动强调了人们参与的意愿，并且需要在适宜的时间和地点才会发生。这一类活动在室外就表现为散步、晒太阳、锻炼身体、驻足观望等活动。同样在我们的建筑中,只有塑造了良好的空间环境才能使人们自觉地参与进来。绿化景观作为城市中最普遍的公共空间，公园、河岸景观等良好的环境塑造可以承载大多数自主性活动。在传统建筑中，建筑大多数孤立于景观环境，而积极的建筑可以与周边的景观和谐共生。在中国传统庭院式建筑中，景观园林的地位与建筑不相伯仲，建筑的外部空间更像是一种“没有屋顶的建筑”，景观可以使建筑周边一些消极的场所焕发出新的活力。

景观性诉求

屋顶私人花园

项目名称：迈阿密停车楼综合体

建筑设计：赫尔佐格和德梅隆

图片来源：www.gooood.hk

赫尔佐格和德梅隆设计的迈阿密停车楼综合体，其中的私人空中花园以及绿化屋顶成为建筑的点睛之笔。这座停车楼不但是迈阿密海滩中最为醒目的建筑，其设计也以大胆和前卫著称。位于顶层的公寓是停车场老板的私人住宅，这个以倒锥形悬于屋顶之下的空间具有显著的优势位置。在这个23m高的建筑顶楼，公寓具有独特的外观同时保持了其领域感。建筑师与景观设计师充分合作，在设计开始就力求公寓与整个停车楼相互协调。设计的最大特点就是运用大量的自然元素，为这处集停车场、零售商场、活动空间与顶层公寓于一体的综合建筑建造这一极为特殊的屋顶花园空间。

景观性诉求

社区性屋顶花园

项目名称：圣莫尼卡综合楼

建筑设计： OMA 建筑设计事务所

图片来源：www.oma.eu

OMA 采用一系列的屋顶花园作为社区性活动空间。在此项目基地中有充满活力的广场、文化街、零售等，为了延续这种城市活力同时保持建筑的独立性，建筑师将多样的室外活动置于连续的屋顶平台之上。建筑体量首先被处理为阶梯状，扩大了屋顶的使用面积，同时依次跌落的平台也与室内有更大的互动关系。相互错位搭接的四个体块提供了 56000 平方英尺（约 5200m^2）的开放空间，其中容纳了室外餐厅、溜冰场、体育场等多种功能。

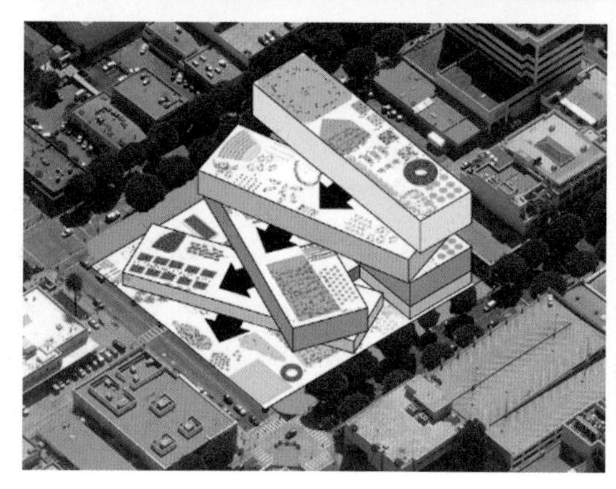

景观性诉求

社区性景观平台

项目名称：韩国首尔商务住宅综合楼

建筑设计：BIG 建筑设计事务所

图片来源：www.archdaily.com

BIG 设计的韩国首尔商务住宅综合楼包含两个优雅的塔楼，它们分别高 214m 和 204m。为了满足当地的高度规范，独特的建筑整体形成两个上下层的水平横条，这两个横条分别架在塔楼的 140m 高处和 70m 高处。两个垂直的塔楼另外还在首层通过一个入口空间相连，在地下通过一个院落相连。

这个塔楼组成城市社区的三维空间，它包含交织的水平和垂直塔楼。三个公共的桥结构从不同位置，即地下、街道和半空中，联系两个纤细的塔楼。项目满足不同年龄段、不同文化背景下住户的需求和愿望，这些桥结构被景观化，以适合不同活动的展开。最后生成的体量形成首尔独特的天际线，一个 # 形充当龙山商业区的入口标志，颠覆了千篇一律毫无联系的塔楼形式，打造了新式的三维城市空间。

景观性诉求

社区性景观屋顶

项目名称：上海巨人网络集团总部
建筑设计：Morphosis
图片来源：www.archdaily.com

整体方案将建筑形态和结构完美地融合于基地之中，并根据景观平面的起伏进行形态折叠。

这座建筑位于一个大型的人工湖畔，并用开放的建筑语汇展开它的首层平面，起伏的形态创造了一个凌驾于湖面之上的巨大悬臂。西侧的体量上拥有一个绿化屋顶，这个屋顶一直向上延伸到办公楼，为办公空间降温并节省了制冷费用。地面上布置了一系列向下的台阶，将公共人群和社会活动引导到人工湖畔。

景观性诉求

社区性景观平台

项目名称：武汉天城项目

建筑设计：OPEN 建筑设计事务所

图片来源：www.openarch.com

武汉天城项目包含了三个核心元素：都市村庄、特殊的摩天楼和公园。都市村庄引进了一些新的文化、商业和休闲服务设施。摩天楼由三个水平的板楼抬升并叠加起来。这些薄的板、塔结合体把节能、灵活性、健康和激发创造性的可能性都最大化。在这些高层板楼之间设计了空中公园，让人们恢复活力、去社交、去游戏，空中公园同时也提供了在高层建筑里把人与自然联系起来的一些新的可能性。

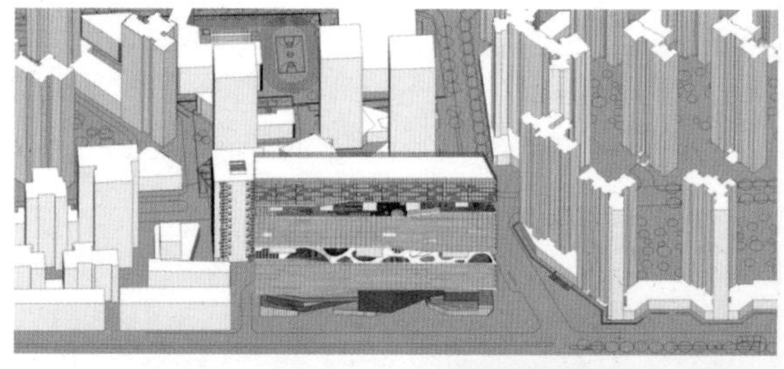

景观性诉求

社区性景观平台

项目名称：深圳大学城能源中心

建筑设计：OPEN 建筑设计事务所

图片来源：www.openarch.com

能源中心的建筑形态以生态性能和舒适程度最优的薄板楼为设计原型。但基于用地规模的限制，本方案的建筑形态在一条板楼的基础上衍生为回字形的环绕式的板楼，并在内部形成一个中央庭院，这个室外的中庭既有采光和拨风的作用，又成为组织内部交流空间的核心。在每一个研究基地内部的各学科都设计有一个空中庭院，13 个空中庭院使得建筑形体具有多孔的特征，利于通风、遮阳。这些空间的设置不仅为研究者的每日工作环境提供了清新宜人的绿色活动和交流空间，也为实验楼未来可能的扩张提供发展空间。

景观性诉求

社区性景观平台

项目名称：成都高新文化中心
建筑设计：天华建筑设计公司
图片来源：www.thape.com

建筑整体设计理念灵感来自于传统的盆景艺术。参观者置身其中，感受到的是精心打造的自然环境。这种将盆景中的空间、孔洞、绿色集中立体地组合布局的空间，摒弃了一般性大型建筑所容易产生压迫感和与普通市民易产生距离感的“巨构”，采用相对平缓、舒适、宜人的整体空间方式。整体建筑布局以市民广场为核心，四个场馆分别位于基地的四个角落，既保证了广场的完整性，便于举办各类大型活动，也让四个功能体块更为均好地共享室外空间。

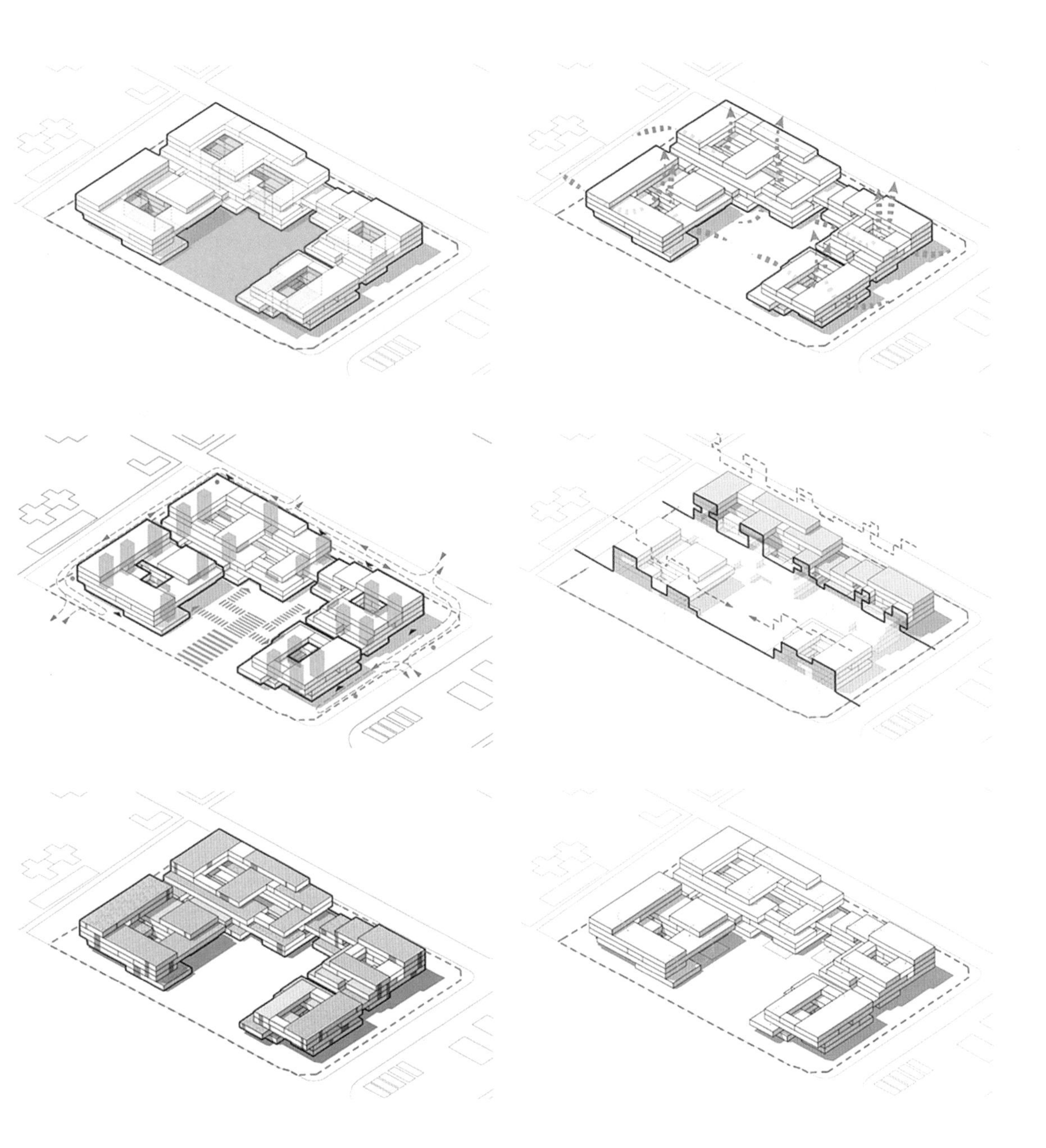

景观性诉求

社区性景观平台

项目名称：王府井综合体

建筑设计：纬度建筑（Latitude Studio）和北京市建筑设计研究院有限公司（BIAD ）

图片来源：www.archgo.com

北京王府井综合体是一个多功能空间，由纬度建筑和北京市建筑设计研究院有限公司共同设计。该项目旨在设计一个可提供无数体验的容器。建筑师考虑到罗马建筑中中庭的作用，这个空间可向建筑内部注入光线和空气。该项目的设计方法首先从不同层次的空间条件进行考虑：社会、城市和建筑设计。项目目标是创造都市生活的一个片段，在连续的序列中创建各种彼此对立的活动和用途。

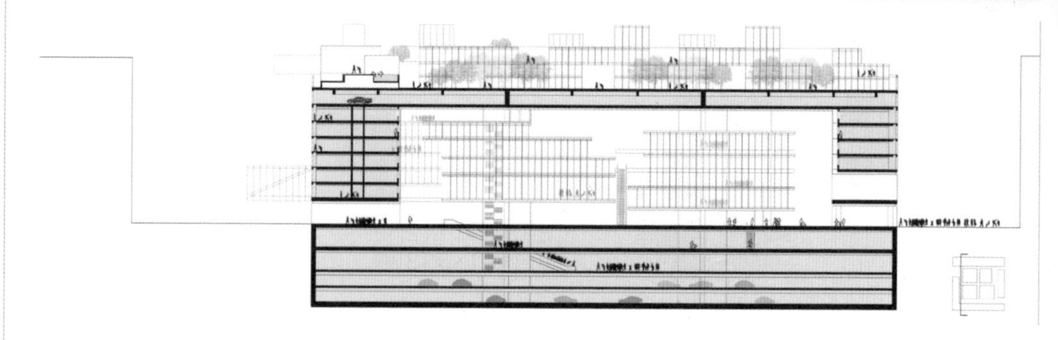

景观性诉求

城市性景观中庭

项目名称：西湖文体中心
建筑设计：Gad 绿城设计
图片来源：www.gad.com.cn

项目位于浙江省杭州市西湖区西溪湿地国际旅游综合村，方案主要通过对体育中心、活动中心、浙商文化中心等多重功能的组织与重构，在建筑内部体现西溪湿地的独特生态环境，设计大量的室内绿化与屋顶绿化，极大地提高了该区域的活力。

景观性诉求

城市绿岛

项目名称：巴黎城市综合体

建筑设计：藤本壮介事务所和 OXO 建筑事务所

图片来源：www.gooood.hk

这个项目是一个公共长廊，拥有森林住房、公寓楼、酒店、餐厅、儿童大型中心以及汽车站等多重功能，与环境紧密结合，具有根植于环境的不可复制性。这个公路上空的项目挑战了自然与建筑、现代与未来以及生态与可持续发展等方方面面的关联，成功地消除了割裂与分歧，实现了“共同生活”的大巴黎愿景。

景观性诉求

云形屋顶花园

项目名称：韩国首尔像素摩天楼
建筑设计：MVRDV 建筑设计事务所
图片来源：www.archgo.com

MVRDV 设计的两栋紧密相连的奢华住宅高楼，一栋高 260m，另一栋高 300m，彼此以“像素化的云团”在中心部分相连，这个“像素化的云团”是额外设计的内容，其内部不但包含了便利的生活设施，同时也提供了视野开阔的外部空间。

景观性诉求

绿岛下的购物综合体

项目名称：巴塞罗那公园地下购物中心

建筑设计：MVRDV 建筑设计事务所

图片来源：www.mvrdv.nl

巴塞罗那公园地下购物中心是一个集零售、休闲、公共空间和住宅于一体的商住中心，给人以独特的购物体验与亲近城市内部的强烈渴望。将一个购物中心引入较大的高质量的公共空间中，使其成为给居民区带来全新形象的一个温和且显眼的符号。这种城市性的景观空间，为周边的居民提供了清新的空气和休闲场所。新颖的设计使其在城市中脱颖而出，同时削弱了建筑庞大的体量。

景观性诉求

像素空中花园

项目名称：多伦多集合住宅
建筑设计：BIG 建筑设计事务所
图片来源：www.gooood.hk

集合住宅位于多伦多中心商业区高大的塔楼和西南侧低矮的居民区之间，起伏的天际线如实地反映着城市的发展状况。

建筑的每一个“像素”体量都是一个房间，房间与街道呈 45° 夹角，以获得更好的采光和通风。建筑架空的底部保证了中庭完全向城市开放，起伏的屋顶创造了无数个小小的屋顶花园，阳光透过顶部的“山谷”照射到中庭和毗邻建筑的街道上。波浪状的外墙既增强了街区内部的空气流通，也让街区拥有了郊区才有的大面积高质量的绿地。

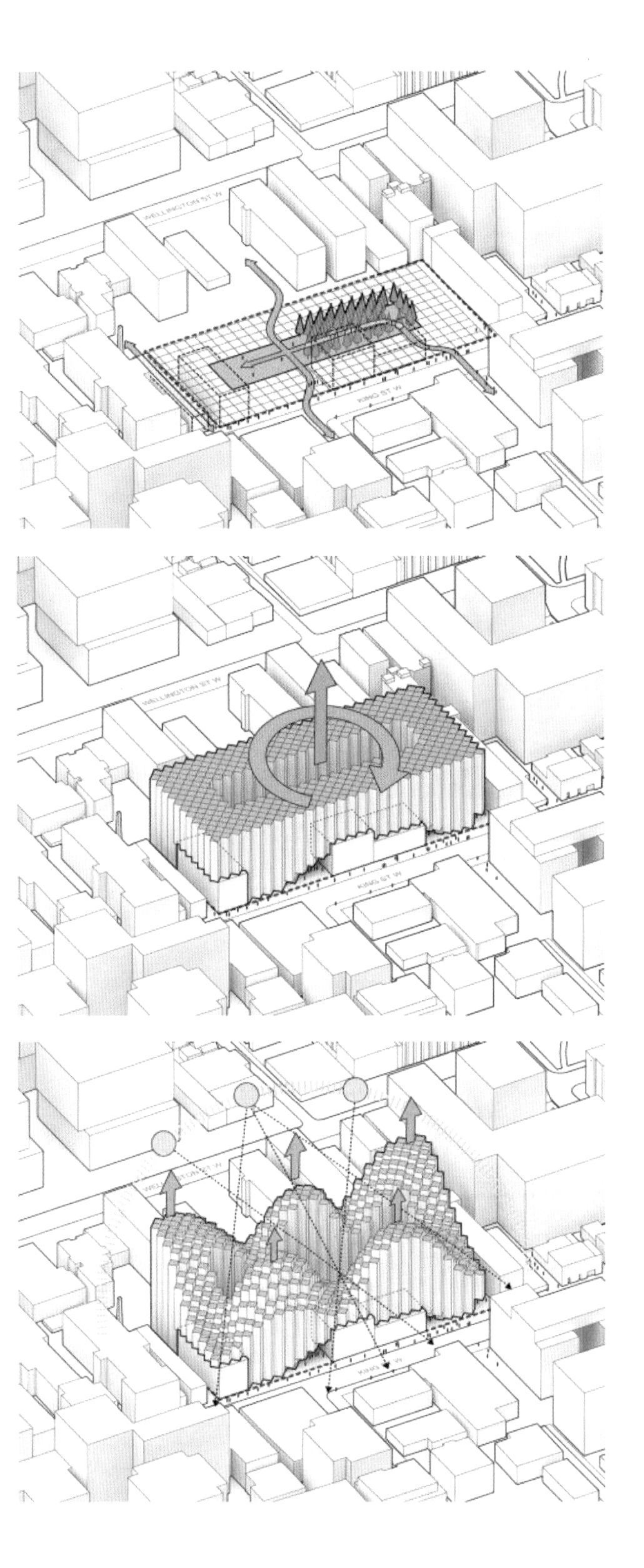
WELLINGTON ST W
KING ST W
WELLINGTON ST W
KING ST W

可参与性诉求

在多功能建筑中，复合空间的设计一方面要保证吸引更多的人到这个场所来，另一方面就是鼓励人们花更长的时间停留在这个场所中。提高效率空间的可参与性意味着更加富于活力、亲切的社交场所。可参与性在不同的效率空间中表现为可知、可用、可达、可观。

可参与性	空间意向
可知	自由、统一、轻松的氛围
可用	室内活动空间
可达	消隐高差、连续柔滑边界
可观	通透性、舞台空间

可知性诉求

轻盈剔透的顶棚

项目名称：伦敦自然博物馆研究中心
建筑设计：Coffey 建筑设计事务所
图片来源：www.gooood.hk

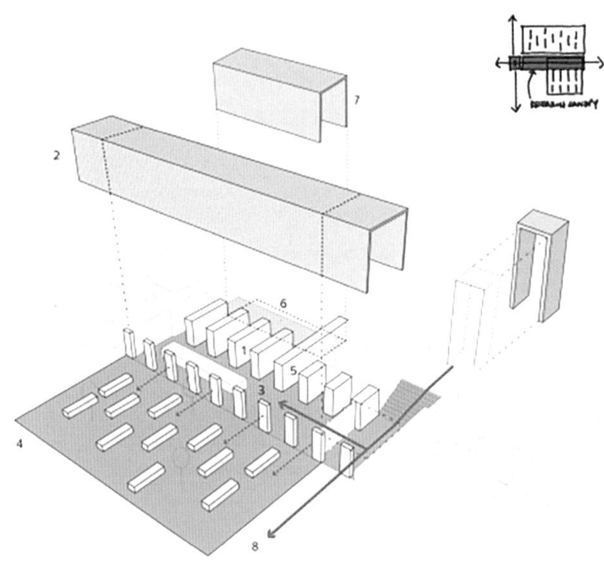

伦敦自然博物馆的新建研究中心营造了一个可以被感知的自然空间，这样具有创意的方案使 Coffey 建筑设计事务所在投标中获得了胜利。

在研究中心的设计中，建筑师将其中书架和顶棚作为两个相互关联的要素。为了打造一种在自然舒适的条件下看书的感觉，建筑师将建筑的屋顶处理为凸字形的顶棚，并且采用半透明的轻盈材料，透过阳光时顶棚变得剔透，加上室外斑驳的树影，人们在室内体会到一种置身室外的感觉。同时屋顶没有了以往的压迫感与厚重感，研究中心的工作氛围显得格外温馨。

可知性诉求

天空之下，大海之下

项目名称：海洋和冲浪博物馆

建筑设计：史蒂文 · 霍尔

图片来源：www.stevenholl.com

Steven Holl 设计的海洋与冲浪博物馆的灵感来自于“天空之下”与“大海之下”的理念。建筑室外的凹形屋顶是一个大型的户外活动场地，场地具有明显的方向性，朝向海岸线的方向。而凹形的下面就是室内的展厅，展厅犹如在翻滚的海浪之下，形成独特的空间体验。建筑的顶部有一处溜冰场，下面为开敞的走廊，将博物馆的展览空间与礼堂相连。屋面下还有一些可以为人们遮风挡雨的空间和人们聚会、交流的场地。

可知性诉求

柠檬色的自然情怀

项目名称：北京瑜舍饭店
建筑设计：隈研吾
图片来源：www.hicosmo.com

酒店柠檬色的立面以及室内大面积木质颜色的地板和家具使人们体会到原生态的气息。用芦苇秆制成的隔断以及吊顶体现出安逸淳朴的如家乡一般的感受。这种自然情怀的设计使房客将酒店的设计与内心深处的记忆联系起来，形成返璞归真的自然体验。

可知性诉求

光影斑驳中的展馆村落

项目名称：阿布扎比古典艺术博物馆
建筑设计：Jean Nouvel
图片来源：www.archdaily.com

法国建筑师 Jean Nouvel 在阿联酋首都阿布扎比的 Saadiyat 岛文化区设计了一座阿布扎比古典艺术博物馆，用来展示从卢浮宫借出的藏品。“沙漠上的卢浮宫”所在位置是一片未开发的岛屿地带，占据的博物馆空间为 240000m^2，其中 6000m^2 为永久展览厅。建筑师设计了一座以小型单间展馆组成的“展馆村落”，它们多位于一座雨伞状的屋顶下。屋顶宽 180m、高 24m。屋顶用伊斯兰风格装饰，给地面留下斑斑点点的投影。这个水上的白色城堡室内在阳光照射下星星点点，如梦似幻。

可用性诉求

空中社区泳池

项目名称：北京 MOMA

建筑设计：史蒂文·霍尔

图片来源：www.stevenholl.com

北京 MOMA 中的空中连廊复合了多种社区活动，如空中游泳池、酒吧、健身房等云上休闲空间。空中走廊将多个住宅楼和酒店塔楼彼此相连，漫步其中可以领略北京的城市风采。体育设施集中了具有相同爱好的居民，增加了他们交往的机会。

可用性诉求

三维网格下的下沉空间

项目名称：阿伯丁城市公园综合体

建筑设计： Diller Scofido & Renfro

图片来源：www.dsrny.com

建筑师将城市中心复杂的交通枢纽、文化设施与自然结合形成一个整体网络。公园作为周边城市肌理的延伸，维持了城市内部的联系，三维路径作为主要交通空间被抬升起来，而中间的区域形成广场、展览空间等。这些灵活多变的广场因其承载了不同的活动使大量人员聚集于此，成为城市的活力点。

可达性诉求

城市与公园的延续与交错

项目名称：法国人体博物馆
建筑设计：BIG 建筑设计事务所
图片来源：www.gooood.hk

项目基地一面是公园，一面是城市。为了使建筑成为城市与公园之间的媒介，BIG 将博物馆先排列成为一个序列组合，然后用一个连续的流线进行围绕组合，形成了相互交叉与抬升的形态互补。坡面的铺装分别延续的城市的硬质铺地与公园的绿地。这种设计保持了城市与公园之间的可达性，形成了良好的内部空间与外部场所。

可达性诉求

曲折向上的共享空间

项目名称：哥伦比亚大学医学中心

建筑设计：Diller Scofido & Renfro

图片来源：www.dsrny.com

这个建筑最大的特点就是将建筑的山墙部分设计了部分功能，与交通空间形成一个连续的共享空间，包括咖啡厅、休息室等公共服务功能都被安排在这个空间中，其中还有一些小型的私密空间穿插其中。这些空间竖向排列开来，不同于一般建筑的层层划分，楼板通过曲折变形、局部通高的手法将不同高度的平台连接起来。这种便利的可达性一方面承担了交通空间的功能，另一方面形成了一个独具特色的观景步道，可以观赏到哈德逊河的景色。

可达性诉求

内部连续的坡道空间

项目名称：宾夕法尼亚火车站

建筑设计：Diller Scofido & Renfro

图片来源：www.dsrny.com

宾夕法尼亚火车站将成为每周7日，24小时不间断的活动枢纽。新构思将车站以垂直方向构建，使室内空间充满自然光线。例如画廊、商店、高端餐饮场所、水疗会所和花园等慢活动空间将被布置在建筑较高层，而交通转换等功能性场所将被布置在便利的低层。新市中心的设计将会融入大量公共活动空间，其中采用连续的坡道与扶梯作为整体高效运作的基础。

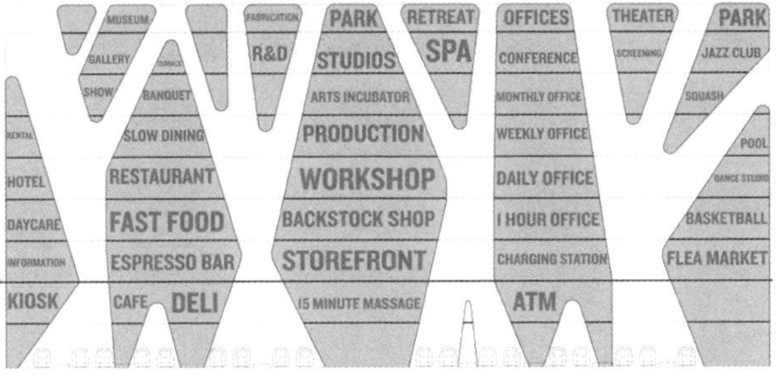

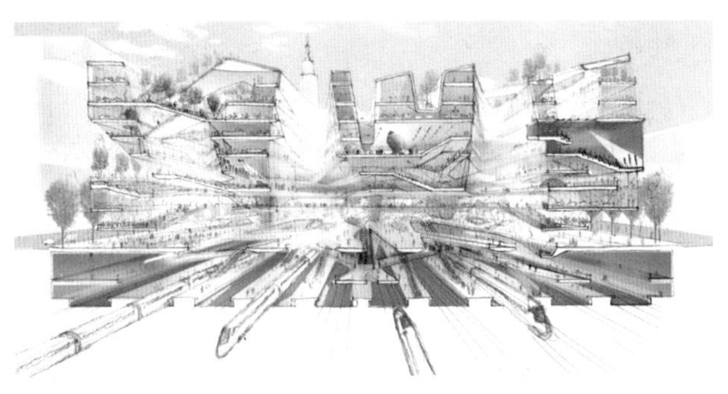

可达性诉求

延伸向上的海滨廊道

项目名称：图像与声音博物馆
建筑设计：Diller Scofido & Renfro
图片来源：www.dsrny.com

博物馆的设计将延绵的海岸线作为灵感来源，将热情的海岸延续到建筑之中，在建筑外侧设置连续的景观坡道，人们可以徒步从海滩走向建筑顶部的露天舞台。这种具有竖向延伸性的海滨廊道是对建筑空间可达性的综合体现。

可达性诉求

将坡度减小，化解消极空间

项目名称：匹兹堡下丘区总体规划
建筑设计：BIG 建筑设计事务所
图片来源：www.gooood.hk

用地现状为一个巨大的坡地露天停车场。BIG 提出的新方案以住宅和商住混合开发为主，将地块与周边区域重新连接，将不适合步行的坡道进行斜向划分，形成适宜步行的内部街道，给社区带来无限的活力。这个新兴的商业中心将成为数千位匹兹堡居民的新家园，作为城市对中心公共空间再开发的典范，推动城市对其内部消极空间的投入和提升。

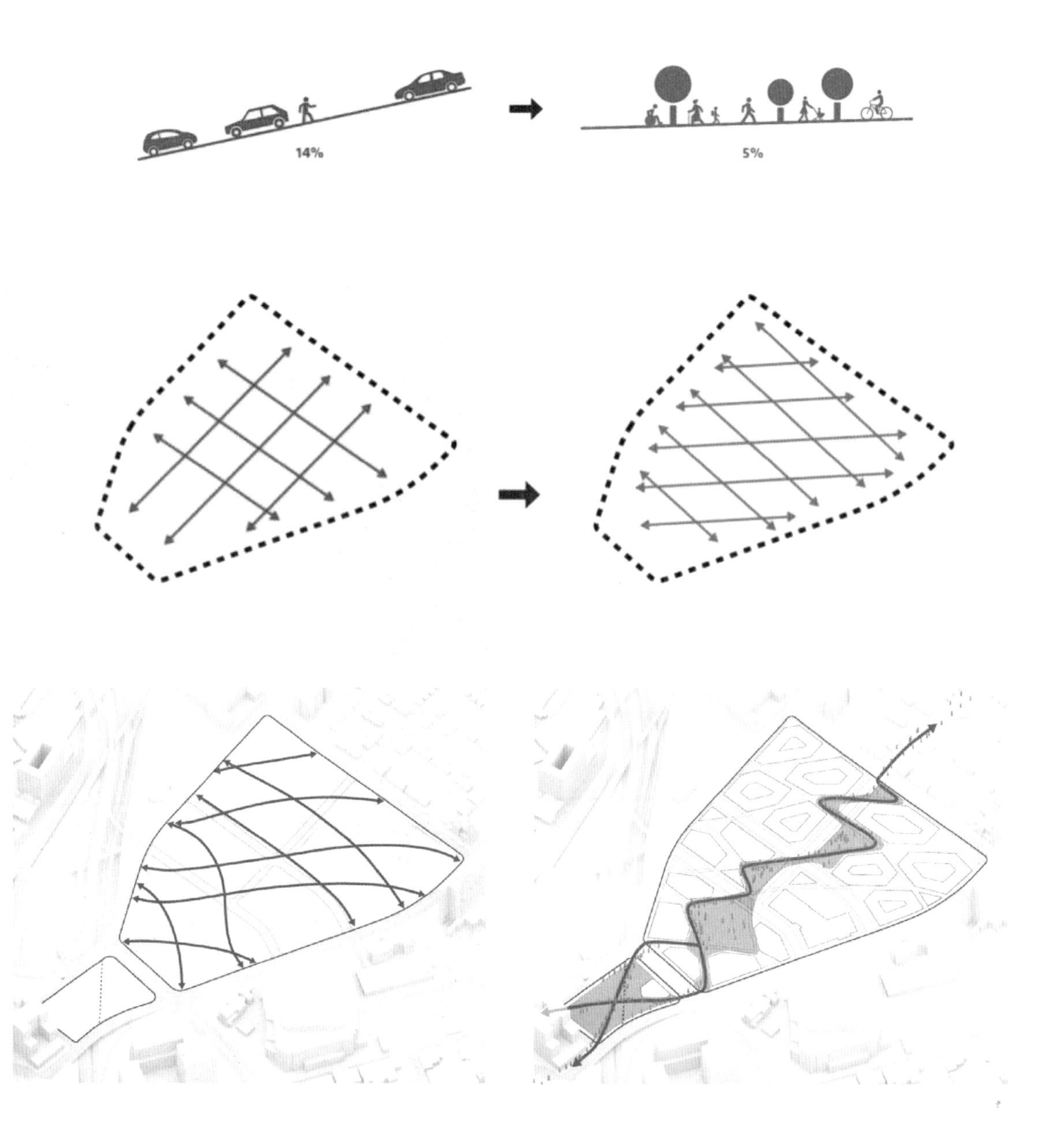
14%
5%

可达性诉求

保持与周边城市的可达性

项目名称：首尔梨花女子大学
建筑设计：Dominique Perrault
图片来源：www.gooood.hk

场地与校园、城市有着紧密的联系，建筑方案必须考虑其对城市范围的影响，而一个景观化的建筑能让场地和城市连接起来。建筑埋入地底，其上的屋顶成为校园中心的公共绿地。缓缓抬升的绿地中央一条坡道逐渐下沉，其两侧是六层高的主体空间，阳光和新鲜空气通过通高的玻璃幕墙进入室内，内外的界限也随之模糊了。这道“校园峡谷”和位于其南端的条状运动空间一起改写了校园的景观和环境。条状空间不仅是日常体育活动的发生场地，同时也是进入梨花女大校园的新通道和一年中庆典、节日活动的举办场所，是校园和城市生活的重叠部分。这里是服务于所有人，活力四射的公共场所。

可达性诉求

与场地相接的屋顶平台

项目名称：Gammel Hellerup 高中扩建项目

建筑设计：BIG 建筑设计事务所

图片来源：www.big.dk

因学校的面积有限，如果在现有的院内建设将会造成建筑没有足够的室外空间，因此 BIG 将这座建筑放在了地下，露出地面的部分做成曲面式起伏的木甲板。位于地下 5m 的建筑拥有天花板的弧形造型；良好的室内气候，同时对环境影响低。而室外的柔和弧形木甲板可作为非正式的聚会场所。甲板的边缘做成格栅，以确保阳光可以渗入建筑。甲板上设有长凳和零散的独凳，可以举办各种活动。

可达性诉求

与大地相接的交错空间

项目名称：Audemars Piguet 总部扩建项目
建筑设计：BIG 建筑设计事务所
图片来源：www.gooood.hk

BIG 将所有的流线组成不重复的双螺旋盘旋路，然后让建筑体量整体倾斜，一部分埋进大地，接着调整流线空间的高低，让这一系列不重复的线性空间交错，发生交错的体量，得到更多表面积的同时也得到更多的光照以及向外的视线面。屋顶和天花板由复合金属板钢与黄铜制成。

可观性诉求

空间与空间的对视

项目名称：柏林媒体艺术中心

建筑设计：Ole Scheeren 建筑设计事务所

图片来源：www.ieday.cn

在Ole Scheeren 建筑设计事务所设计的柏林媒体中心的核心空间中，两侧的空间形成了最基本的对视。这种被动式的交流成为最基本的社交活动。

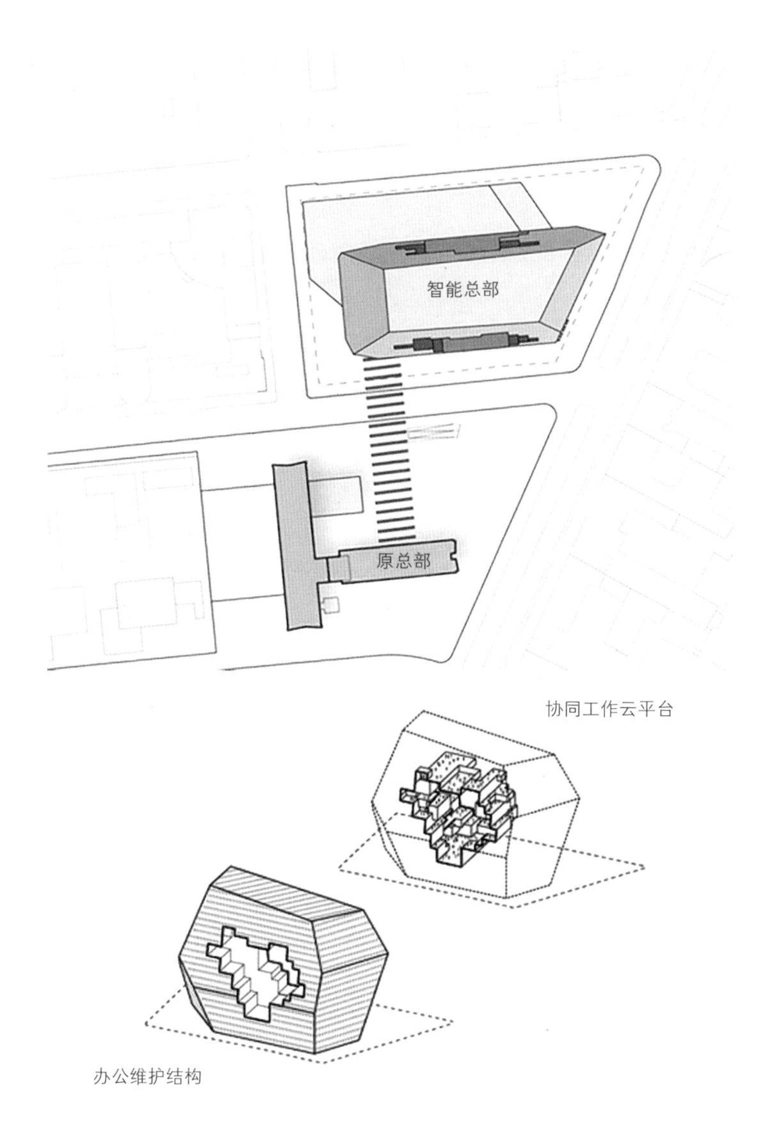
智能总部
原总部
协同工作云平台
办公维护结构

可观性诉求

空间与城市的对视

项目名称：巴黎办公商业综合体
建筑设计：CAAU 建筑设计事务所
图片来源：www.gooood.hk

建筑在水平方向上使用虚实相间的手法打破了通常楼层设置的单调与乏味，并最大限度地将自然光线引入室内。这一设计突出了阳台、露台和空中花园等构造，以上元素是重塑绿化城市空间的关键，有利于整个街区生态环境的改善。

外置的楼梯为建筑增添了一抹亮色。交通空间变成一条观景长廊，将休闲区同城市空间联系起来。除植被元素外，建筑材料的选择也强化了建筑的视觉效果。玻璃材质为室内引入光照，增加了立面的通透感；白色的金属格栅带来纯净、柔和的视觉感受。

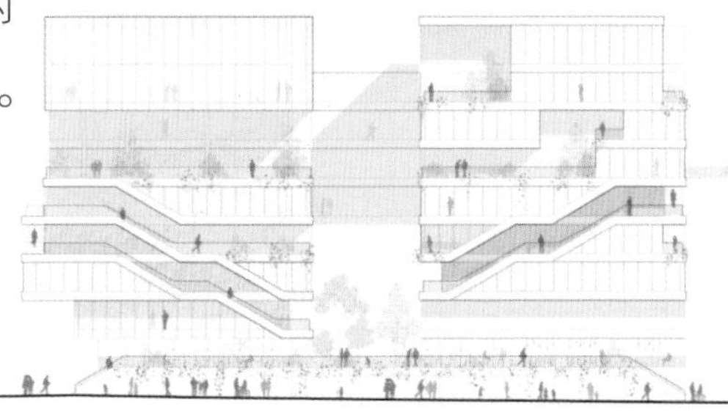

可观性诉求

空间与城市对视

项目名称：香港知专设计学院（HKDI）大楼

建筑设计：CAAU 建筑设计事务所

图片来源：www.gooood.hk

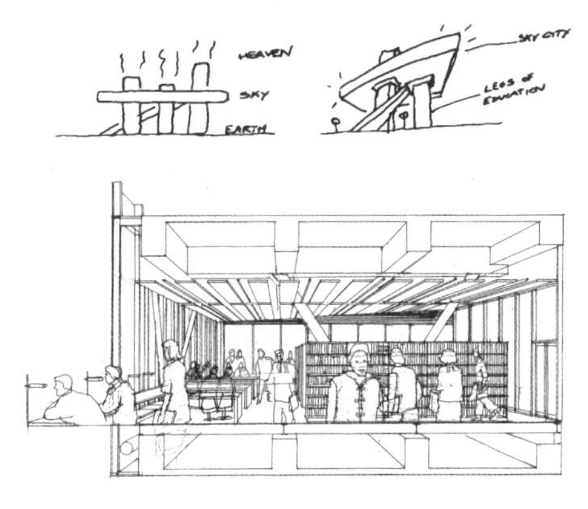

HKDI 大楼可供公众使用的运动场和报告厅为周边社区提供了聚会的场所，与此同时，在这座可以容纳 4000 名学生的校园内，将围绕城市空间展开不计其数的展览和活动，让整个片区活跃起来。HKDI 将其所在的城市文脉转换到自身的空间演绎中来，与社会的互动被设置在多样化的底部空间内，在那里建筑的垂直性仿佛已经消失不见了，错落的高差使人们可以在不同层面设想互动的方式，同时顶部的落地窗与地面建立新的视觉联系。这个“天空之城”与城市形成体验与视线双重对话关系。

可观性诉求

空间与城市的对视

项目名称：巴黎高效节能办公综合体
建筑设计：MVRDV 建筑设计事务所
图片来源：www.gooood.hk

建筑位于从前的一段铁路路基之上，占地面积约 4000m^2。长 150m、宽 21m 的板状建筑形态遵循了基地的限制，其中的开口使对附近一栋历史建筑的视线得以保留。为了创造这个城市之窗并提高该区域的城市品位，建筑师把这个长板“推”至打破，然后再往南面扭推。这个“推”的行为让楼板产生形态上的变化，从而创造出多个能够从工作区亦或外部楼梯都能直达的退台空间。城市之窗为二层提供了一个巨大的平台。

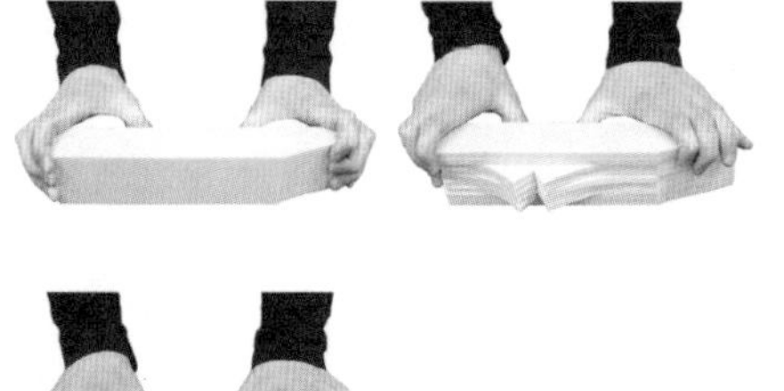

可观性诉求

空间与城市的对视

项目名称：赫尔辛基大学图书馆

建筑设计：Anttinen Oiva 建筑设计事务所

图片来源：www.gooood.hk

赫尔辛基大学图书馆是芬兰最大的学术图书馆，坐落于城市正中心重要的历史性街区，建筑为城市街区添加了一道弧形砖外墙，它与临近建筑的街道走线合为一体。同时立面上巨大的弧形玻璃开口将城市街道的景色引入图书馆内部，形成新老建筑的对话。

可观性诉求

空间与人的对视

项目名称：歌华营地体验中心
建筑设计：OPEN 建筑设计事务所
图片来源：www.openarch.com

营地总建筑面积 $2700m^2$，功能需求包括剧场、大型活动空间、大师工作室、DIY 空间、咖啡厅、书吧、小型多媒体厅和 VIP 室等。为了最大限度地保留基地本身的自然景观、利用最少的资源去创造最大化的空间丰富性，OPEN 设计的建筑完全与自然融为一体，内部空间相互开放，并与室外连通，形成开敞流动的空间体验。场地形成观众台的同时也是表演场，形成空间与人的对视。同一个空间在不同的场合下可以具备不同的功能。建筑中心的内庭院，不仅是全年的景观空间，同时也可以扩展为观众来观看演出的剧场。建筑屋顶为室外绿化活动场地，于是基地面积完全被利用了起来，使青少年营地空间使用达到最大化。

可观性诉求

空间与人的对视

项目名称：墨尔本火车站

建筑设计：HASSELL+ 赫尔佐格和德梅隆

图片来源：www.archdaily.cn

HASSELL+ 赫尔佐格和德梅隆在墨尔本弗林德斯大街火车站中设计了一个大型的阶梯式广场，不定期地举办大型的户外表演，成为了城市最具活力的中心。这种空间中强化的舞台，是城市中人们交往最密切的场所。不同兴趣爱好的市民被这个空间的特质所吸引，长时间地停留于此，形成空间与人的对视。

内 容 提 要

当代城市建筑随着社会的发展日益立体化、复杂化、综合化，越来越多的大型公共建筑发展成为承载多种城市功能的集中复合式建筑。这种“拥挤”的组织方式给建筑设计理念带来了全新的变革。如何获得一个更具高效性、复杂性、逻辑性的“效率空间”成为大型公共建筑设计和建设的关注焦点。本书针对当代城市建筑的这一新特点，探讨集中式公共建筑的“效率空间”及其设计理念与方法。本书内容包括两大部分：第一部分阐述了建筑与城市的关系转变所带来的建筑城市化的新趋向；第二部分重点归纳了多功能复合建筑的设计前提，以及针对不同功能要素形成不同复合空间的构成方式。

本书可供建筑师、高等院校建筑专业师生、建筑学爱好者阅读使用。

图书在版编目（CIP）数据

非标准集中 ：当代建筑“效率空间”理念与方法 / 羊诚编著. -- 北京 ：中国水利水电出版社，2018.1
（非标准建筑笔记 / 赵劲松主编）
ISBN 978-7-5170-5883-0

Ⅰ. ①非… Ⅱ. ①羊… Ⅲ. ①建筑设计 Ⅳ. ①TU2

中国版本图书馆CIP数据核字(2017)第235941号

书　名	非标准建筑笔记 非标准集中——当代建筑“效率空间”理念与方法 FEIBIAOZHUN JIZHONG——DANGDAI JIANZHU“XIAOLÜ KONGJIAN”LINIAN YU FANGFA
作　者	丛书主编　赵劲松 羊　诚　编著
出版发行	中国水利水电出版社 (北京市海淀区玉渊潭南路1号D座 100038) 网址: www.waterpub.com.cn E-mail: sales@waterpub.com.cn 电话: (010) 68367658 (营销中心)
经　售	北京科水图书销售中心 (零售) 电话: (010) 88383994、63202643、68545874 全国各地新华书店和相关出版物销售网点
排　版	北京时代澄宇科技有限公司
印　刷	北京科信印刷有限公司
规　格	170mm×240mm　16开本　8印张　124千字
版　次	2018年1月第1版　2018年1月第1次印刷
印　数	0001—3000册
定　价	45.00元